손에 잡히는 서브버전

Pragmatic Guide to Subversion

Pragmatic Guide to Subversion

By Mike Mason

손에 잡히는 서브버전

초판 1쇄 발행 2011년 12월 29일 **지은이** 마이크 메이슨 **옮긴이** 박제권 **펴낸이** 한기성 **펴낸곳** 인사이트 **편집** 송우일, 김승호 **표지출력** 경운출력 **본문출력** 현문인쇄 **종이** 세종페이퍼 **인쇄** 현문인쇄 **제본** 자현제책 **등록번호** 제10-2313호 **등록일자** 2002년 2월 19일 **주소** 서울시 마포구 서교동 469-9번지 석우빌딩 3층 **전화** 02-322-5143 **팩스** 02-3143-5579 **블로그** http://blog.insightbook.co.kr **이메일** insight@insightbook.co.kr **ISBN** 978-89-6626-021-8 책값은 뒤표지에 있습니다. 잘못 만들어진 책은 바꾸어 드립니다. 이 책의 정오표는 http://insightbook.springnote.com/pages/9910662에서 확인하실 수 있습니다. 이 책의 국립중앙도서관 출판시도서목록(CIP)은 e-CIP 홈페이지(http://www.nl.go.kr/cip.php)에서 이용하실 수 있습니다(CIP 제어번호: CIP2011005501).

손에 잡히는 서브버전

Pragmatic Guide to Subversion

마이크 메이슨 지음 | 박제권 옮김

차례

옮긴이의 글

서브버전을 처음 만난 것이 언제였는지 지금은 기억도 나질 않습니다. 처음 사용했던 버전관리 시스템은 CVS였기 때문에, 파일을 수정하기 위해서는 반드시 락을 걸고 편집해야 한다고 배웠습니다. 그래서 서브버전을 처음 접했을 때 락을 걸지 않고 파일을 수정할 수 있다는 사실이 신기하면서도 한편으로는 불안했습니다.

최근에는 Git이라는 강력한 경쟁자 때문에 서브버전의 확고부동했던 자리가 위태로워지는 듯 하지만, 서브버전은 많은 현장에서 여전히 사용되고 있고 앞으로도 꾸준히 사용될 것입니다.

이 책은 서브버전을 현업에 사용하는 개발자라면 꼭 알고 있어야 하는 핵심적인 기능들을 설명하고 있습니다. 게다가 서버 설정이나 브랜치 생성시 서브버전 사용자들이 선호하는 방식이 무엇인지도 잘 설명해주고 있어서, 서브버전을 현장에 적용할 때의 고민을 줄여주리라 기대합니다.

개발자들을 위한 책을 꾸준히 내는 인사이트에서 『프로그래밍 그루비』를 번역했던 인연을 잊지 않고 기회를 주시어 두 번째 번역서를 내놓습니다만, 여전히 번역은 프로그래밍만큼이나 쉽지 않은 작업입니다.

오늘도 밤을 새우고 있을 수많은 동료 개발자들에게 이 책이 조금이나마 도움이 되기를 바랍니다.

감사의 글

모든 책은, 심지어 이렇게 작은 책도 많은 사람의 엄청난 노력이 들어간 결과물이다. 이 책이 독자의 손에 들어가기까지 지은이로서 내가 기여한 부분은 아주 작았다. 제작에 참여한 모든 이에게 감사드린다.

먼저 다시 책을 쓰겠다는 내게 도움을 준 가족에게 고맙다는 말을 하고 싶다. 아직 손이 많이 가는 어린 아들이 있는데, 빨리 쓰려고 최선을 다했지만 집필을 마치기 전에 딸이 태어났다. 아내 미셸이 장모님과 함께 아이들을 돌본 덕분에, 일요일에도 사무실에서 책을 쓸 수 있었다. 감사의 마음을 전한다. 내 아이들 벤과 나탈리도 "아빠 일하는 중이셔"라는 말을 들을 때 너무 많이 화내지 않아 줘서 고맙다. 앞으로는 집에 들어가도록 하마.

다음으로 고마운 사람은 『Pragmatic Guide』 시리즈를 생각해낸 트래비스 스와이스굿(Travis Swicegood)이다. 트래비스는 『Pragmatic Version Control Using Git』(역서는 『GIT 분산 버전 관리 시스템』, 인사이트 펴냄)이라는 훌륭한 책의 저자이기도 한데, "바로 배워서 금방 적용할 수 있는" 서브버전 책을 만들자는 아이디어가 정말 마음에 들었다. 트래비스에게 고맙다는 말을 하고 싶다. 프래그머틱 북셸프(Pragmatic Bookshelf) 직원들은, 5년 전에 만든 서브버전 책보다 훨씬 일감이 많았는데도, 늘 그랬던 것처럼 일을 정말 잘해주었다. 내 편집자인 재키 카터(Jackie Carter)는 나를 잘 감시하고, 채찍질하고, 친절한 말투로 재촉해주었다. 감사드린다. 나에게 많은 시간을 투자해주었고, 덕분에 책이 더 훌륭해졌다고 생각한다. 데이브(Dave)와 앤디(Andy)에게도 감사드린다. 새로운 형태의 출판사를 만들어서 훌륭한 책들을 펴냈고, 저자들에게도 도움을 주었다.

기술적인 도움을 준 사람들도 언급해야겠다. 리뷰를 맡아준 롭 베일리

(Rob Baillie), 이언 버크, 케빈 기지(Kevein Gisi), 리사 힉스(Leesa Hicks), 마이클 래진스키, 마이크 로버츠, 그레이엄 내시에게 감사드린다. 리뷰어들의 의견 덕에 더 좋은 책이 됐을 뿐 아니라 격려에 힘을 얻어 책을 끝낼 수 있었다. ThoughtWorks의 동료들, 특히 마틴 파울러(Martin Fowler)와 조너선 맥크래킨(Jonathan McCracken)에게 감사드린다. 책을 쓰는 동안 초본을 검토해주었다.

끝으로 이 책을 선택한 독자들에게 감사드리며, 재미있게 읽어 주시길 기대한다. 나도 책을 쓰는 동안 재미있었다.

지은이의 글

서브버전은 굉장히 인기 있는 오픈 소스 버전 제어 시스템으로, 인터넷에서 무료로 구할 수 있다. 통계를 구하기는 어렵지만, 서브버전은 사실상 버전 제어 시스템의 표준[1]으로 여겨진다. 독자들도 개발자라면 업무와 관련해 서브버전을 접해 본 적이 있을 것이다.

서브버전은 완성도가 높고 기능을 충분히 갖추고 있어서 상업용 소프트웨어와 오픈 소스 개발에 흔히 사용된다. 설치나 설정 등 사용하는 데 도움이 필요하다면 유료 지원을 받을 수도 있다. 서브버전 서버를 운영하기가 어렵다면 무료이거나 저렴한 호스팅 서비스를 이용해도 된다.

서브버전은 '중앙 관리형' 버전 관리 시스템이다. 이는 파일 저장과 공동 작업을 위해 중앙 서버가 필요함을 의미한다. 비행기에 탔을 때처럼 네트워크에 연결되지 않은 상태에서도 서브버전 클라이언트로 작업할 수 있으며, 변경 사항을 서버에 적용할 때만 네트워크 연결이 필요하다. 전통적인 중앙 서버 모델에서는 개발 팀이 서버에 안정적인 네트워크로 연결되어 있다고 가정한다. 반면에 요즘 등장한 '분산형' 버전 관리 시스템에서는 각 사용자의 컴퓨터가 서버처럼 동작하는 모델을 사용한다. 이 모델에서 사용자들은 중앙 서버가 없어도 수정 사항을 서로 교환할 수 있다. 조직에서는 대부분 서브버전 같은 중앙 서버 모델로 충분하지만, 다른 공동 작업 방식도 있다는 것은 알아두자.

서브버전이 인기 있는 이유는 프로그래머에게 필요한 기능을 전부 갖추고 있기 때문이다. 쓸모없거나 복잡한 기능은 거의 없으며, 버전 관리라는 기본 기능

1 서브버전의 정확한 시장 점유율을 알아내기는 어렵지만, 몇 가지 온라인 투표 결과를 보면 다른 어떤 버전 제어 시스템보다도 많이 사용되고 있음을 알 수 있다. 마틴 파울러는 애자일/XP 방법론을 따르는 개발자라면 서브버전, 깃(Git), 머큐리얼(Mercurial) 중 하나를 사용해야 한다고 추천했다(http://martinfowler.com/bliki/VersionControlTools.html).

에 충실하게 만들어졌다.

서브버전은 파일만이 아니라 디렉터리와 메타 정보도 버전 별로 관리해준다. 디렉터리가 관리 대상에 속하기 때문에 구형 버전 관리 시스템과는 달리 디렉터리의 이동과 삭제에 대해서도 이력을 추적할 수 있다. 또 모든 파일과 디렉터리에 대해서 서브버전 프로퍼티(property)로 연관된 메타 정보를 담을 수 있다.

수정 사항을 적용할 때는 데이터베이스와 비슷한 방식으로 동작한다. 한 번의 작업에 포함된 변경 사항은 전체가 한꺼번에 성공하든지, 아니면 중간에 문제가 발생했을 때는 전체 작업이 취소되는 식이다. 저장하려는 변경 사항들 중 일부만 성공하는 경우는 발생하지 않는다. 서브버전은 변경 사항을 적용하는 커밋 과정에서 모든 변경 사항을 리비전(revision)으로(체인지셋(changeset)이라고 부르기도 한다) 묶어서 처리한다. 각 파일마다 리비전 번호를 붙이는 구형 시스템과 달리 여러 파일의 변경 사항을 묶어서 리비전 번호(revision number)라고 하는 하나의 논리적 단위로 제공하기 때문에 개발자들이 변경 사항을 더 편하게 관리하거나 추적할 수 있다.

서브버전을 이용하면 원하는 시점에 브랜치(branch)와 태그(tag)를 쉽게 생성할 수 있다. 브랜치는 개발 방향을 분기할 필요가 있을 때 사용하는데 출시 시점의 코드와 개발이 진행 중인 코드를 구분하는 데 많이 사용된다. 태그는 특정 상태를 표시해 두었다가 나중에 그 시점으로 돌아오려고 할 때 사용한다. 또 브랜치들을 자동으로 합쳐주는 머지 트래킹(merge tracking)이라는 기능도 제공한다.

서브버전은 여러 플랫폼에서 원활하게 동작한다. 윈도, 리눅스, 맥 OS X, 기타 다양한 유닉스에서 서브버전을 사용할 수 있다. 서브버전 개발자들은 각각의 운영체제가 서브버전의 기본 플랫폼이라고 생각하고 개발했고, 지원되는 모든 운영체제에서 실무에 사용 가능한 수준의 서버를 운영할 수 있으며, 클라이언트가 다른 운영체제에서 동작하는 경우에도 서로 통신할 수 있다. 회사에 있는 기존 서버에 서브버전을 도입한다면 운영체제 선택의 폭이 넓어서 아무 서버에나 설치해볼 수 있으니 편리하다.

누가 읽으면 좋을까?

개발자들은 대부분 버전 관리 도구를 사용해 보았을 것이고, 작업 환경에 따라 거기에 맞춰서 도구를 사용해야 하는 경우도 있을 것이다. 이 책은 버전 관리가 무엇인지는 알고 있지만 서브버전에 대해서는 잘 모르는 사람들을 위한 책이다.

『Pragmatic Guide to Subversion』을 읽고 나면 금세 서브버전을 능숙하게 다룰 수 있을 것이다. 버전 관리에 관한 깊이 있는 철학을 이야기하거나 파일을 어딘가에 잘 저장해 둬야만 안전하다고 설득하지는 않을 것이다. 버전 관리의 개념과 서브버전의 구현 방식이 궁금하다면 내가 이전에 쓴 『Pragmatic Version Control Using Subversion』[2]을 보기 바란다.

이 책을 읽는 법

이 책은 여러 부로 구성되며 각 부는 서브버전의 입장에서 본 '개발 주기'를 기준으로 구분했다. 각 부는 서브버전이 특정 개념을 어떻게 다루는지 소개하면서 시작한다. 소개 부분을 읽어서 전반적인 개념에 대해 감을 잡고 모든 것이 어떻게 맞물려 돌아가는지 이해하는 편이 좋다. 그 후에는 흥미 있어 보이는 기능으로 곧바로 넘어가도 된다. 버전 관리 도구를 처음 써본다면 처음부터 순서대로 읽는 게 제일 좋을 것이다. 그렇게 하면, 모든 개념을 체계적으로 잘 이해할 수 있을 것이고, 서브버전의 기본 개념도 잘 알 수 있을 것이다.

이 책은 다음과 같이 구성되어 있다.

- 1부 : '시작하기'에서는 서브버전의 핵심 개념인 클라이언트, 서버, 저장소, 작업 사본 등을 다룬다. 서브버전 클라이언트를 선택하고 설치하기, 지역 저장소 생성하기, 기존 코드를 서브버전으로 임포트하기 등을

2 http://pragprog.com/titles/svn2/, 역서는 『서브버전을 이용한 실용적인 버전관리』(정보문화사 펴냄)

배운다.

- 2부 : '서브버전 기본 기능'에서는 서브버전으로 수행하는 일상적인 작업들을 설명한다. 저장소로부터 체크아웃하기, 수정 사항들을 찾아보거나 취소하기, 저장소에 커밋하기 등을 설명한다.
- 3부 : '공동 작업'에서는 팀원들이 함께 작업할 때 필요한 사항과 여러 사람의 소스 코드를 동기화하는 법, 충돌 처리 방법을 설명한다.
- 4부 : '변경 기록 활용'에서는 서브버전의 강력한 변경 기록 관리 기능을 설명한다. 4부를 읽고 나면 누가 어느 소스를 수정했는지 찾아낼 수 있다. 커밋된 수정 사항을 취소하고 싶은 경우 그 방법도 설명한다.
- 5부 : '브랜치, 병합, 태그'는 소스 코드 관리에서 어려운 부분에 속한다. 브랜치와 태그를 이용하면 제품 출시를 편리하게 할 수 있고, 출시 후 지원도 안정적으로 할 수 있다.
- 6부 : '파일 잠그기'에서는 서브버전의 파일 잠금 기능을 설명한다. 저장소에 스프레드시트나 이미지 등 병합이 불가능한 파일들이 있을 때 유용하다.
- 7부 : '서버 설정하기'에서는 서브버전 서버를 리눅스와 윈도에 설치하는 방법과 보안 설정, 백업 등을 설명한다. 서버를 직접 운영하는 것보다 호스팅 받는 것을 선호하는 이를 위한 정보도 있다.
- 8부 : '고급 기술'에서는 보통은 거의 필요 없지만 프로젝트를 설정할 때 한두 번 정도 필요한 중요 사항들을 다룬다. 프로젝트 여러 개를 한 저장소에 넣는 작업이나 저장소에 외부 업체 코드 저장하기 등을 다룬다.

서브버전의 버전들

서브버전은 몇몇 프로그래머가 인터넷에서 함께 팀을 이뤄 만들어가고 있다. 서브버전은 오픈 소스이며 정기적으로 새 버전을 발표한다. 주요 업그레이드에는 1.6이나 1.7 같은 번호가 붙고, 패치(patch)와 버그 수정 등에는 1.6.3이나 1.7.1

같은 버전이 붙는다.

지속적으로 기능 추가나 버그 수정, 성능 개선 등을 하고 있으므로 최신판을 사용하는 것이 좋다. 상위 버전도 구 버전의 서버 파일들이나 작업 사본에 대해 호환성을 유지하기 때문에 클라이언트가 1.5.x이고 서버가 1.6.x인 상황에서도 서로 잘 동작할 것이다. 하지만 반대의 경우에는 잘 동작하지 않을지도 모른다.

한 컴퓨터에 클라이언트가 여러 개 있으면 모두 함께 업그레이드해야 문제가 없다. 예를 들어, 커맨드라인 클라이언트와 GUI 클라이언트가 모두 설치된 시스템에서 서브버전 1.7이 필요한 상황이라면, 두 소프트웨어를 함께 업그레이드 해야 한다. 그렇게 하지 않으면 버전이 낮은 쪽에서 작업 사본에 이해할 수 없는 내용이 있다고 불평할 것이다.

서브버전 클라이언트 업그레이드에는 주의할 만한 사항이 거의 없지만 서버 쪽은 주의해야 할 사항들이 있다. 저장소를 잘 백업해두고, 복구가 잘 되는지도 확인한 다음에 업그레이드를 진행하자.

온라인 참고 자료

프래그머틱 출판사는 자사의 모든 책에 대해 온라인에 소개 자료 등을 올려두고 있다. 이 책과 관련한 자료는 다음 주소에서 찾을 수 있다.

http://pragprog.com/titles/pg_svn/

이 웹 페이지에서 코드 모음과 함께, 설명을 위해 만든 프로젝트인 mBench도 다운로드할 수 있고 오탈자 목록도 볼 수 있으며, 전용 온라인 게시판에서 지은이나 다른 독자들과 대화도 할 수 있다.

서브버전은 성숙한 오픈 소스 시스템으로 개발자나 다른 사용자들로부터 쉽게 도움을 받을 수 있다. 검색 사이트에서 검색을 해보면 궁금한 사항에 대해 훌륭한 자료를 많이 찾아 볼 수 있을 것이다. 이 책에서 다루는 내용 이외에도 다양한 방식으로 서브버전을 활용해 보기 바란다.

1부

시작하기

Pragmatic Guide to Subversion

서브버전을 사용하려면 서버와 클라이언트가 필요하다. 서버는 저장소라는 공간에 파일을 저장하고 이 저장소를 내부 네트워크나 인터넷을 통해 접근할 수 있게 해준다. 클라이언트는 서버와 통신해 저장소로부터 파일의 작업 사본을 만들어낸다. 사용자는 파일들을 수정한 후 변경 사항들을 서버 저장소에 커밋하고 이런 과정을 거쳐 팀원들은 저장소에서 파일을 공유할 수 있게 된다.

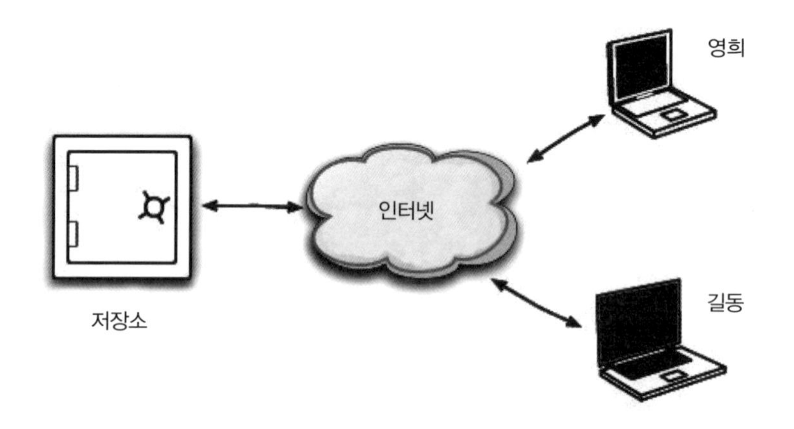

서브버전은 온라인에서 신용 카드 정보를 보호하는 데 쓰는 기술인 SSL이나 유닉스 관리자들이 인터넷으로 서버에 접속할 때 사용하는 SSH(secure shell)로 네트워크 연결을 보호할 수 있다. 사용자 정보는 단순한 패스워드 파일에 저장할 수도 있고, 액티브 디렉터리나 LDAP 등에 저장한 후 연동할 수도 있다.

사용자들은 대부분 호스팅 서비스나 회사 내 서버 운영 팀의 서비스를 받을 것이므로 이 부분은 신경 쓰지 않아도 된다. 직접 운영해보고 싶다면 「33번 작업, 서브버전 서버 설치하기」를 보면 쉽게 설치할 수 있을 것이다.

서브버전은 확장하기 쉽게 설계되었기 때문에 다양한 클라이언트가 나와 있다. 기본적인 커맨드라인 클라이언트는 거의 모든 플랫폼에 구현되어 있고 서브버전의 기능을 잘 지원하기 때문에 대부분은 커맨드라인 클라이언트로 충분할 것이다. GUI 클라이언트도 다양하게 준비되어 있는데, 몇 가지 기능은 GUI로 수행하는 것이 편리할 수도 있을 것이다. 예를 들면 체크인(check in), 병합, 변경 이력 보기 등은 GUI 클라이언트가 더 편리할 것이다.

이 책에서 커맨드라인 클라이언트를 설명할 때는 우분투 리눅스용 클라이언트로 시연한다. 윈도나 맥에도 거의 똑같은 클라이언트가 있으므로 커맨드라인 예제는 세 가지 운영체제에서 모두 잘 동작할 것이다. 윈도용 GUI 클라이언트로는 토터스SVN(TortoiseSVN, 이하 토터스)를 선택했고, 맥 OS X용으로는 코너스톤(Cornerstone)을 선택했다. 이 책에 나온 작업을 커맨드라인 클라이언트뿐 아니라 각 GUI 클라이언트에서 수행하는 방법도 설명했다.

이클립스, IntelliJ, Xcode 등의 통합 개발 환경(integrated development environment, 이하 IDE)을 사용한다면 개발 환경에 서브버전 지원 기능이 들어있으므로 편하게 사용할 수 있다. 작업 사본을 업데이트하고, 충돌을 해결하고, 수정 사항을 커밋하고, 변경 내역을 보는 것까지 개발 환경 내에서 할 수 있다. 비주얼 스튜디오(Visual Studio)를 사용한다면 플러그인을 별도로 설치해야 하지만, 설치한 후에는 통합 개발 환경 내에서 자연스럽게 동작한다. IDE를 사용한다면 서브버전을 지원하는지 확인해 보는 것이 좋다. 개발 환경이 버전 제어 시스템을 잘 지원하면 개발 효율은 높아진다.

1부에서는 다음 내용을 다룬다.

- 우선 서브버전 클라이언트를 설치해야 한다. 리눅스 사용자이거나 커맨드라인에서 작업하는 게 편하다면 「1번 작업, 커맨드라인 클라이언트 설치하기」를 보면 된다. 윈도 사용자는 「2번 작업, 윈도용 GUI 클라이언트 설치하기」를, 맥 사용자는 「3번 작업, 맥 OS X용 GUI 클라이언트 설치하기」를 보자.
- 아직 서브버전 저장소가 없다면, 「4번 작업, 지역 저장소 생성하기」를 참고해 자신의 컴퓨터에 저장소를 생성한 후에 책의 나머지 부분을 공부하면 된다.
- 저장소가 이미 있다면 「5번 작업, 새 프로젝트 생성하기」를 참고해서 저장소에 새 프로젝트를 생성해 보자.

- 작업 중인 소스 코드가 있는데 이를 서브버전으로 관리하고 싶다면 「6번 작업, 기존 소스에서 프로젝트 생성하기」를 참고해서 기존 소스 코드를 서브버전으로 임포트할 수 있다.

이제 서브버전을 설치해보자.

1번 작업

커맨드라인 클라이언트 설치하기

GUI 클라이언트를 선호하는 사람도 커맨드라인 클라이언트는 설치해두는 편이 좋다. GUI 클라이언트가 제대로 동작하지 않는 상황에서도 커맨드라인 클라이언트는 동작할 것이기 때문이다.

윈도에서 클라이언트를 설치하는 과정은 무척 간단하다. 컬래브넷(Collabnet) 웹 사이트에서 설치 파일을 다운로드한 후, 더블 클릭만 하면 나머지는 설치 파일이 알아서 해준다. 컬래브넷 이외에도 윈도용 커맨드라인 클라이언트를 제공하는 곳이 있지만 설치 과정이 비교적 불편하다.

맥용 서브버전을 설치할 때는 몇 가지 선택 사항들에 주의해야 한다. OS X 버전에 따라 서브버전 커맨드라인 클라이언트가 이미 설치되어 있을 수 있는데, 스노우 레퍼드(Snow Leopard)에는 서브버전 1.6이, 레퍼드(Leopard)에는 1.4가 설치되어 있고 그 이전 버전의 OS X에는 서브버전이 설치되어 있지 않을 것이다. 스노우 레퍼드 이전 버전에서는 서브버전을 최신판으로 업그레이드해야 한다.

맥포트(MacPort)나 핑크(Fink)를 사용 중이라면 해당 소프트웨어의 패키지 관리자로 서브버전을 설치할 수 있다. 둘 다 처음 들어봤다고 해도 걱정할 필요는 없다. 맥포트나 핑크는 유닉스용 도구들을 맥에 설치해 주는 프로그램들이다.

공식 우분투 배포판은 서브버전을 제공한다. 우분투 사용자라면 시스템에 서브버전이 이미 설치되어 있을지도 모른다. 설치되어 있지 않다면 패키지 관리자인 apt로 설치할 수 있다. 우분투용 서브버전 GUI 클라이언트 중에는 서브커맨더(Subcommander)나 RapidSVN도 있지만, 이 책에서는 우분투용은 커맨드라인 클라이언트만 설명한다.

우분투의 GUI 모드를 쓰는 것이 좀 더 편하다면, GUI 패키지 관리자인 시냅틱(Synaptic)으로 서브버전을 설치할 수도 있다.

설치한 후에는 커맨드 프롬프트를 열고 서브버전을 실행해보자. 설치된 서브버전의 버전을 보고 싶다면 svn –version이라고 입력한다. 다음과 같은 결과를 볼 수 있을 것이다.

```
prompt> svn --version
svn, version 1.6.12 (r955767)
   compiled Jun 23 2010, 10:32:19
```

1.6이나 그 이상 버전이 설치되어 있는지 확인해야 한다. 서브버전 1.5와 1.6은 작업 사본 포맷이 다르며, 구 버전은 새 포맷을 다루지 못한다.

컬래브넷의 윈도용 커맨드라인 클라이언트 설치하기

컬래브넷 웹 사이트[3]에서 커맨드라인 클라이언트를 다운로드하자. 다운로드한 파일을 더블 클릭하면 설치가 시작된다. 클라이언트만 설치하려면 svnserve와 apache 관련 체크 박스를 체크하지 말아야 한다.

맥용 컬래브넷 커맨드라인 클라이언트 설치하기

컬래브넷 웹 사이트[4]에서 OS X용 유니버설 바이너리를 다운로드한다. 설치 프로그램을 실행한 후 ~/.profile에 다음을 추가하자.

```
export PATH=/opt/subversion/bin:$PATH
```

맥포트를 사용한다면 다음 명령으로 서브버전을 설치한다.

```
prompt> sudo port install subversion
```

핑크를 사용 중이라면 다음 명령을 실행하면 된다.

---

3 http://www.open.collab.net/downloads/subversion/svn-other.html

4 http://www.open.collab.net/downloads/community/

```
prompt> sudo fink install svn-client
```

우분투용 클라이언트 설치

```
prompt> sudo apt-get update
prompt> sudo apt-get install subversion
```

또는 메뉴에서 시스템 〉 관리 〉 시냅틱 패키지 관리자를 클릭해(우분투 11.04 기준) 시냅틱을 실행해도 된다. 검색창에 'subversion'을 입력하면 서브버전 관련 패키지들이 표시된다. subversion 패키지를 체크하고 Mark for installation을 선택한다. 필요한 다른 패키지가 있다면 표시를 하고, Apply 버튼을 클릭하면 서브버전이 설치된다.

관련작업

- 2번 작업, 윈도용 GUI 클라이언트 설치하기
- 3번 작업, 맥 OS X용 GUI 클라이언트 설치하기
- 33번 작업, 서브버전 서버 설치하기

2번 작업

윈도용 GUI 클라이언트 설치하기

윈도용 클라이언트 중에는 토터스(TortoiseSVN)가 윈도 탐색기와 연동되는 등 편리한 기능을 제공한다. 토터스를 설치하고 나면 탐색기에서 마우스 오른쪽 버튼을 클릭해 컨텍스트 메뉴로 서브버전 기능을 사용할 수 있다. 서브버전 작업 사본이 아닌 디렉터리에서 오른쪽 버튼을 클릭하면 저장소에서 작업 사본을 체크아웃해 올 것인지 물어온다. 서브버전 작업 사본의 디렉터리에서 오른쪽 버튼을 클릭하면 업데이트나 커밋을 할 수 있고, 작업 사본 내 파일에서 오른쪽 버튼을 클릭하면 파일 변경 기록 보기 등의 기능을 사용할 수 있다.

이 책에서는 토터스에서 메뉴를 선택하는 과정을 설명할 때, 스크린샷을 매번 보이기보다는 글로 짧게 설명할 것이다. 예를 들어 오른쪽 버튼을 클릭해 TortoiseSVN을 선택하고 Show Log 메뉴를 선택해야 할 때는 TortoiseSVN 〉 Show Log라는 식으로 줄여서 표시할 것이다.

토터스의 기능들은 오른쪽 버튼을 클릭했을 때 보이는 컨텍스트 메뉴나 TortoiseSVN을 클릭하면 나타나는 서브 메뉴를 통해서 실행할 수 있다. 자주 사용하는 기능은 컨텍스트 메뉴에 넣어 클릭 횟수를 줄일 수 있다. TortoiseSVN 〉 Settings에서 Context Menu를 선택하고, 컨텍스트 메뉴에 넣고 싶은 기능들을 체크하면 된다.

토터스가 제대로 동작하려면 서브버전 저장소가 있어야 한다. 이미 사용 가능한 저장소가 있다면 그 저장소 URL만 알면 된다. 테스트용으로 자신의 컴퓨터에 저장소를 생성해 보고 싶다면 「4번 작업, 지역 저장소 생성하기」의 설명을 참고하자.

토터스 GUI 클라이언트 설치하기

우선 브라우저에서 tortoisesvn.net 웹 사이트[5]를 열고 TortoiseSVN을 다운로드한다. 토터스는 윈도 탐색기와 연동되므로 설치한 후에는 재시작해야 한다.

설치가 완료되고 나면 탐색기에서 마우스 오른쪽 버튼을 클릭해 토터스 메뉴에 접근할 수 있다.

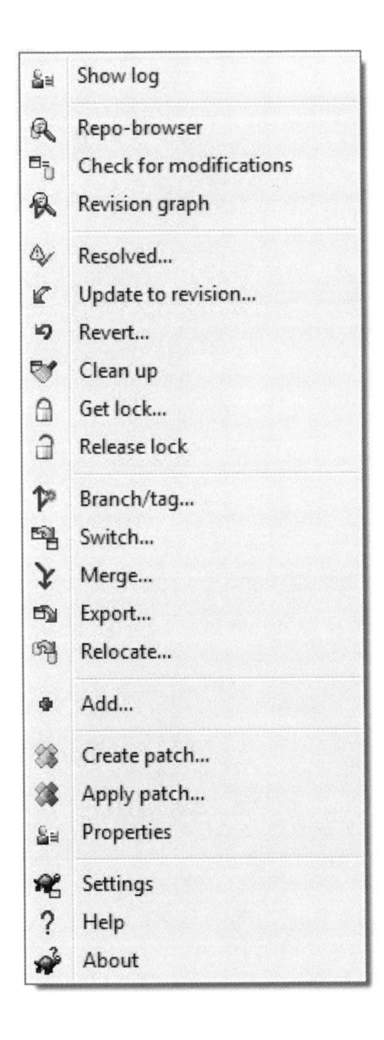

5 http://tortoisesvn.net/downloads

관련작업

- 1번 작업, 커맨드라인 클라이언트 설치하기
- 33번 작업, 서브버전 서버 설치하기

3번 작업

맥 OS X용 GUI 클라이언트 설치하기

맥용 서브버전 클라이언트로는 코너스톤이 있다. 인터페이스가 기존 맥 OS X 애플리케이션과 비슷하고 깔끔하다. 코너스톤은 유료 소프트웨어이므로 14일의 시험 기간 후에는 라이선스를 구입해야 한다.

코너스톤 창은 몇 개의 구역으로 나뉜다. 상단에는 자주 사용하는 기능을 아이콘으로 표시한 버튼 바가 있고, 왼쪽에는 작업 사본 목록과 저장소 목록이 있다. 중앙 작업 창에는 작업 사본 보기, 커밋 상황 보기 등 진행 중인 작업에 관련된 정보가 표시된다. 오른쪽에는 상세 정보 창(inspector)이 있어서 현재 선택된 항목에 대해 자세한 정보를 표시해준다.

접근하려는 저장소의 URL을 알고 있다면 Add Repository... 버튼을 클릭하거나 저장소 목록 상단의 작은 더하기(+) 아이콘을 클릭하자. 저장소는 HTTP나 SVN 서버에 있을 텐데, 잘 모르겠으면 관리자에게 물어보자. 저장소를 추가할 때는 URL 맨 끝의 trunk를 입력하지 않아야 최상위 디렉터리까지 보인다.

저장소 URL을 모른다면 프로젝트 책임자에게 물어보라. 자신이 책임자라면 「5번 작업, 새 프로젝트 생성하기」를 참고해 프로젝트를 만들자. 간단하게 시험해보는 데 사용한다면 「4번 작업, 지역 저장소 생성하기」를 따라 해도 된다.

저장소 목록에 추가하는 것만으로는 파일을 복사해주지 않는다. 「7번 작업, 작업 사본으로 체크아웃하기」를 해야 소스를 가져올 수 있다. 이제부터 코너스톤 클라이언트에 대해 설명할 때는 프로젝트에 서브버전 저장소를 추가했다고 가정하고 설명하겠다.

코너스톤 클라이언트 설치하기

코너스톤 웹 사이트[6]에서 프로그램을 다운로드한다. 디스크 이미지를 더블 클릭하고 코너스톤 애플리케이션을 맥 OS X의 '응용 프로그램' 폴더로 옮긴다.

이제 코너스톤을 실행하면 다음과 같은 화면을 볼 수 있을 것이다.

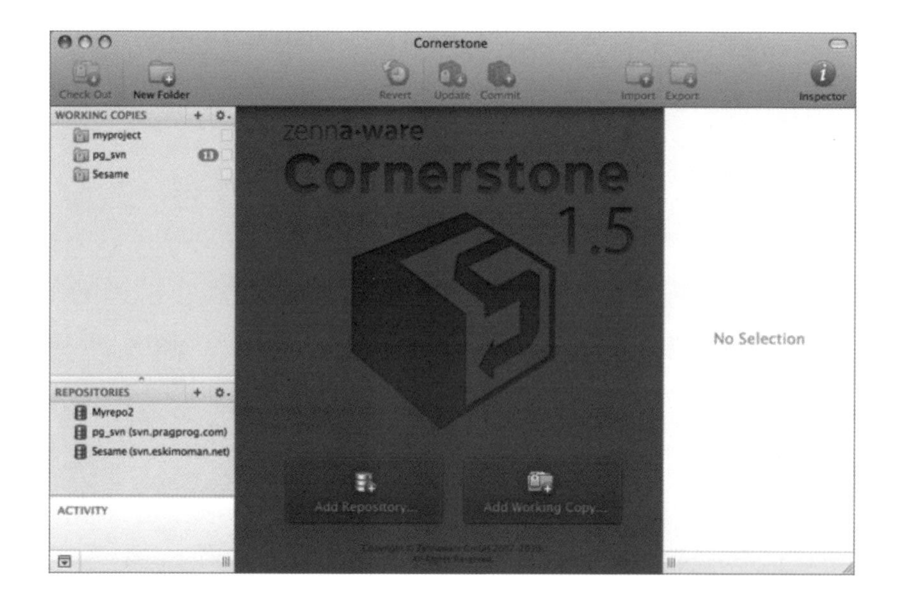

관련작업

- 1번 작업, 커맨드라인 클라이언트 설치하기
- 33번 작업, 서브버전 서버 설치하기

6 http://www.zennaware.com/cornerstone/

4번 작업

지역 저장소 생성하기

대다수 서브버전 사용자는 저장소 생성이나 관리를 신경 쓰지 않아도 된다. 저장소 생성이나 관리는 보통 서버 관리자나 유닉스 전문가들이 할 일이기 때문이다. 이런 전문가의 도움을 받을 수 없거나 자신만의 저장소로 여러 가지 실험을 해보고 싶을 때는 지역 저장소(local repository)를 사용하면 된다.

지역 저장소란 자신의 컴퓨터 하드 디스크에 생성한 저장소를 말한다. 윈도라면 C 드라이브 등에 생성된 디렉터리일 것이고, 유닉스나 맥 OS X이라면 home 디렉터리 아래 적당한 곳을 사용하면 된다. 일단 빈 디렉터리를 생성한 후에는 서브버전 저장소로 쓸 수 있도록 해당 디렉터리를 초기화해야 한다. 커맨드라인 클라이언트에서는 svnadmin 명령을 사용하면 된다. 토터스에서는 해당 디렉터리에서 마우스 오른쪽 버튼을 클릭한 후에 initialize 메뉴를 선택한다. 코너스톤 사용자는 GUI를 이용해 저장소를 생성해야 한다.

초기화를 하고 나면 저장소로 사용할 수 있지만 그전에 저장소의 기본 URL을 서브버전에 알려주어야 한다. 지역 저장소의 URL은 file:// 뒤에 저장소가 있는 파일 시스템 경로를 붙여서 만든다.

지역 저장소를 원격 저장소로 사용하려면 서브버전 서버를 실행하고 저장소 디렉터리를 지정하면 된다. 이에 관해서는 「33번 작업, 서브버전 서버 설치하기」에서 자세히 설명한다.

지역 저장소 기본 디렉터리를 생성하고 초기화하기

```
prompt> mkdir -p ~/svn/repos
prompt> svnadmin create ~/svn/repos
```

이 경우 지역 저장소의 URL은 file:///home/myuser/svn/repos이다.

토터스로 지역 저장소 만들기

윈도 탐색기에서 저장소로 사용할 빈 디렉터리를 만든다. C:\Subversion\Repos 정도로 생성하면 된다.

새 디렉터리에서 마우스 오른쪽 버튼을 클릭한 후, TortoiseSVN 〉 Create repository를 선택한다.

지역 저장소의 URL은 file:///C:/Subversion/Repos가 된다.

코너스톤으로 지역 저장소 만들기

File 〉 Add Repository를 선택하거나 저장소 목록의 더하기 아이콘을 클릭한다.

상단의 File Repository 버튼을 선택하고 Create a New Repository를 클릭한다. 드롭다운 버튼을 눌러서 저장소를 생성할 폴더를 선택한다. 사용자의 홈 디렉터리 아래에 SVN이라는 전용 디렉터리를 만드는 것이 적당할 것이다.

Create As 상자에 저장소 이름을 적는다. 여기에 적는 이름이 실제로 저장소로 사용될 디렉터리의 이름이다.

Compatibility 드롭다운 버튼을 클릭한 후 1.6을 선택한다. 마지막으로 Add 버튼을 눌러서 지역 저장소를 생성한다.

지역 저장소의 URL은 file://Users/myuser/svn/repos와 같은 형태가 될 것이다.

관련작업

- 34번 작업, 저장소 만들기
- 5번 작업, 새 프로젝트 생성하기
- 36번 작업, 서브버전 호스팅 서비스 사용하기

5번 작업

새 프로젝트 생성하기

서브버전 사용자 대부분은 프로젝트 생성 작업을 할 필요가 없다. 대개 시스템 관리자나 서브버전 호스팅 서비스에서 대신 해 주는 일이다. 이미 프로젝트가 생성되어 있고, URL도 알고 있다면 「7번 작업, 작업 사본으로 체크아웃하기」로 넘어가자.

서브버전은 디렉터리를 이용해서 내부 데이터를 구성한다. 저장소 내에 여러 개의 디렉터리를 두고, 이 디렉터리들에 각각 프로젝트를 담을 수 있다. 또한, 각 프로젝트는 루트 디렉터리 아래에 trunk, tags, branches 디렉터리를 두는 것이 관례다. 예를 들어, Kithara와 Sesame이라는 프로젝트가 있다면 저장소 내 디렉터리 구조는 다음과 같을 것이다.

- /Kithara/trunk
- /Kithara/tags
- /Kithara/branches
- /Sesame/trunk
- /Sesame/tags
- /Sesame/branches

trunk 디렉터리는 주요 개발 활동이 이뤄지는 곳으로 보통 이 디렉터리에서 소스를 체크아웃한다. 체크아웃할 때는 URL 끝에 trunk를 붙여주어야 한다. 그렇지 않으면, 트렁크뿐 아니라 태그와 브랜치에 들어있는 파일이 전부 체크아웃된다.

tags 디렉터리는 특정 시점에 프로젝트의 모든 파일을 저장하면서 이름을 붙여 놓은 것이다. 예를 들어 릴리스하는 시점의 코드에 이름을 붙여 저장해 둔다면 나중에 사용자가 버그를 알려왔을 때에 해당 버전의 소스를 재구성해서 문제를 쉽게 해결할 수 있을 것이다.

branches 디렉터리는 별도의 개발 과정을 진행하고 싶을 때 사용한다. 예를 들어 제품 출시를 위해 브랜치를 만들고 여기에서 제품 안정화에 집중하는 동안 트렁크 쪽에서는 새로운 기능을 계속 추가해 나가도록 할 수 있다.

저장소 하나에 프로젝트를 여러 개 저장할 수도 있지만, 프로젝트마다 저장소를 하나씩 따로 생성하는 사람들도 있다. 이렇게 하면 각각 사용자를 다르게 지정하거나 백업 일정을 조정할 수 있다는 장점이 있다. 하지만 각각의 저장소 설정이나 백업 등 관리 부담이 늘어난다. 프로젝트당 저장소 하나씩 두는 식으로 관리한다면 각각의 프로젝트 저장소 루트 디렉터리 바로 아래에 trunk, tags, branches 디렉터리가 생길 것이다.

프로젝트를 담을 기본 디렉터리 만들기

여러 프로젝트가 저장소 하나를 공유한다면 아래와 같이 저장소의 루트 디렉터리 아래에 프로젝트를 위한 디렉터리를 생성한다.

```
prompt> svn mkdir -m “Make base directory” \
             http://svn.mycompany.com/myproject
```

프로젝트를 넣을 저장소 만들기

프로젝트마다 별도의 저장소를 사용한다면 「34번 작업, 저장소 만들기」에 나온 설명을 따라 프로젝트 저장소를 만들면 된다.

트렁크, 태그, 브랜치 디렉터리 만들기

```
prompt> svn mkdir -m "Initial setup" \
                  http://svn.mycompany.com/myproject/trunk
prompt> svn mkdir -m "Initial setup" \
                  http://svn.mycompany.com/myproject/tags
prompt> svn mkdir -m "Initial setup" \
              http://svn.mycompany.com/myproject/branches
```

토터스로 디렉터리 만들기

윈도 탐색기 창에서 마우스 오른쪽 버튼을 클릭한 후 TortoiseSVN 〉 Repo-browser를 선택한다. 그리고 http://svn.mycompany.com/ 같은 저장소 URL을 입력한다. 저장소를 조작할 수 있는 저장소 브라우저가 보일 것이다. 이때 오른쪽 버튼을 클릭해 Create Folder를 선택해 프로젝트에 필요한 디렉터리들을 저장소의 선택된 위치에 생성한다.

코너스톤으로 프로젝트 만들기

저장소 목록에서 작업할 저장소를 선택한다. 메인 창에 저장소 브라우저가 보일 것이다. 컨트롤 키를 누른 채로 메인 창 영역을 클릭한 후 New folder in MyRepo...를 선택한다. 프로젝트 이름을 입력하고, 'Create trunk, branches and tags subfolers'를 체크한 다음 OK를 클릭한다.

관련작업

- 34번 작업, 저장소 만들기
- 36번 작업, 서브버전 호스팅 서비스 사용하기

6번 작업

기존 소스에서 프로젝트 생성하기

작업을 시작하고 파일을 몇 개 만든 상태에서, 버전 관리 시스템에 프로젝트를 생성할 때가 가끔 있다. 버전 제어 시스템 없이 작업했던 프로젝트를 서브버전에 넣으려는 경우나, 다른 버전 제어 시스템을 사용하다가 서브버전으로 이전하는 경우에도 이미 소스 파일들이 있는 상황일 것이다. 방금 시작한 신규 프로젝트인 경우에도 파일들은 별도의 디렉터리에 저장해 두었을 것이다. 이 디렉터리를 서브버전 프로젝트의 시작점으로 삼으면 된다. 서브버전의 임포트 기능을 사용하면 해당 디렉터리와 그 안의 파일들로 프로젝트를 생성할 수 있다. 저장소에 넣어 두어야 소스 코드가 안전해진다.

임포트 작업 전에 혹시 있을지 모르는 임시 파일이나 쓸모없는 파일을 반드시 정리해야 한다. 빌드 도구나 대부분의 IDE에는 프로젝트를 '청소'하는 옵션이 있다. 임포트하기 전에 사용하면 좋을 것이다. 그리고 직접 디렉터리의 파일들을 검사해서 임포트할 파일들만 있는지 확인하자. 쓸모없는 파일이 임포트되어도 저장소에서 삭제하면 그만이겠지만, 서브버전은 한번 관리했던 파일에 대해서는 모든 기록을 저장하려 하기 때문에 서버 공간을 낭비하게 된다. 디버깅 심벌 등 커다란 바이너리 파일이라면 임포트하기 전에 삭제해야 문제가 없다.

svn import 명령을 실행하거나 GUI 도구에서 임포트를 실행하면 지정한 디렉터리에 있는 모든 파일이 한 번에 서브버전 저장소에 들어간다. 저장소가 제대로 동작하고 있다면 필요한 디렉터리들은 서브버전이 자동으로 생성한다. 예를 들어 아직 trunk 폴더를 만들지 않았다면 서브버전이 대신 생성해주기도 한다.

기존 소스에서 필요 없는 파일 삭제하기

소스 디렉터리에서 임시 파일이나 빌드 결과물들을 삭제한다. 사용 중인 IDE에 'clean up' 같은 기능이 있다면 이를 이용하고, 커맨드라인 빌드 도구를 사용 중이라면 make clean[7]을 실행하자.

숨겨진 파일이나 디렉터리도 확인해야 한다. 예를 들면 CVS 소스 제어 시스템에서 내부 관리용으로 생성하는 .cvs 디렉터리 등은 보이지 않으므로 잘 확인해야 한다. 서브버전에 임포트되어야 할 파일이 아니라면 모두 삭제하자.

디렉터리 아래의 모든 항목을 프로젝트 저장소에 임포트하기

```
prompt> cd work/myproject-to-import
prompt> svn import -m "Initial import" \
                  http://svn.mycompany.com/myproject/trunk
```

토터스로 디렉터리 임포트하기

윈도 탐색기에서 임포트하려는 디렉터리를 오른쪽 클릭한 후 TortoiseSVN 〉 Import를 선택한다. 프로젝트 저장소의 URL(맨 뒤에 잊지 말고 trunk를 붙이자)을 입력하고 임포트하는 대상에 대한 설명을 입력한다. 마지막으로 OK를 클릭한다.

코너스톤에서 임포트하기

저장소 목록에서 저장소를 선택한다. 컨트롤 키를 누른 채로 저장소 브라우저에서 최상위 폴더를 클릭한 후 Import...를 선택한다.

파일 선택 상자에서 임포트할 디렉터리를 선택한 후 Open 버튼을 클릭한다. 이제 Import As 텍스트 상자에 임포트할 디렉터리인 myproject/trunk를 입력한

---

7 사용 중인 빌드 도구에 따라 make 대신 ant, nant, maven, msbuild, rake 등을 실행하자.

다. Import를 클릭하고 로그 메시지를 입력하면 코너스톤이 임포트 작업을 시작한다.

끝으로 저장소 브라우저에서 새로 임포트된 trunk 디렉터리로 이동한 후 trunk 디렉터리 옆에 tags와 branches 디렉터리를 생성해 주자.

관련작업

- 5번 작업, 새 프로젝트 생성하기

2부

서브버전 기본 기능

Pragmatic Guide to Subversion

1부에서 서브버전 설치와 저장소 설정을 마쳤으니 이제 실질적인 작업을 시작하자. 서브버전은 협업을 위해 만들어졌지만 혼자서도 사용할 수 있다. 혼자서 프로그래밍이나 저술 작업을 하는 중에도 수정 사항을 확인하거나, 변경 기록과 커밋 등을 활용해서 작업에 도움을 줄 수 있다. 또, 서브버전을 안전한 '백업' 장치로 활용할 수도 있다.

여기에서는 작업 사본 만들기와 파일을 수정한 후 저장소에 반영하기, 파일과 디렉터리 이동이나 이름 바꾸기 등을 설명한다.

이제부터는 'mBench'라는 프로젝트를 예제로 삼아서 설명한다. mBench는 MongoDB를 위한 간단한 벤치마킹 도구이다. MongoDB는 ('NoSQL' 데이터베이스라고도 알려진) 신세대 비관계형 데이터베이스 중 하나로, 전통적인 SQL 데이터베이스와는 달리 문서 기반 데이터베이스이며, 속도와 안정성 면에서 기존 데이터베이스와 구별되는 특징이 있다. MongoDB를 실무에 적용하기 전에 우리가 원하는 속도와 안정성을 제공하는지 확인하려는 프로젝트가 mBench이다. mBench에는 MongoDB 테스트를 위한 자바 코드, 우리가 발견해낸 최고의 성능을 내는 방법을 적은 문서, 성능 테스트 결과 등이 저장된다.

mBench 전체 소스는 이 책의 예제 코드들과 함께 제공된다. 코드, 오탈자, 그리고 게시판은 프래그머틱 북셸프 사이트(http://pragprog.com/titles/pg_svn)에 있다. mBench 프로젝트를 다룰 때에는 저장소 URL이 http://svn.mycompany.com/mbench라고 가정하고 작업할 것이다. 하지만 실제로 존재하는 URL이 아니므로 독자들의 URL로 바꿔 실행해야 한다.

2부에서는 다음 내용을 다룬다.

- 서브버전에 저장된 파일을 수정하려면 먼저 작업할 컴퓨터로 파일들을 복사해 와야 한다. 「7번 작업, 작업 사본으로 체크아웃하기」에서 그 방법을 설명한다.
- 「8번 작업, 변경 기록 보기」에서는 수정된 파일들의 내역을 보는 방법을 설명한다. 「9번 작업, 토터스로 변경 기록 보기」와 「10번 작업, 코너스톤으로

변경 기록 보기」에서는 같은 기능을 GUI로 수행하는 방법을 설명한다.

- 파일을 수정한 후에는 커밋 기능을 통해 변경된 내용을 저장소에 반영해야 한다. 「11번 작업, 커밋으로 수정 사항 반영하기」에서 관련 기능을 설명한다.
- 「12번 작업, 파일과 디렉터리 추가하기」에서는 저장소에 새로운 항목을 추가해본다. 「13번 작업, 파일과 디렉터리 삭제하기」에서는 삭제 방법을 설명한다.
- 파일 이름 변경과 파일 이동은 「14번 작업, 파일과 디렉터리 이동과 이름 변경」에서 설명한다.
- 작업 사본에서 파일을 수정하다가 작업 내용을 취소하고 원래대로 되돌리고 싶을 때는 「15번 작업, 작업 사본의 수정 사항 되돌리기」를 참고하자.
- 작업 사본 안에 임시 파일이 있을 때, 서브버전이 이 파일들을 무시하도록 할 수 있다. 「16번 작업, 파일 무시하기」에서 방법을 설명한다.

그럼 저장소의 작업 사본 만들기를 시작하자.

7번 작업

작업 사본으로 체크아웃하기

서브버전의 체크아웃 기능을 이용해 저장소에서 파일을 복사해 와야만 자신의 컴퓨터에서 파일을 수정할 수 있다. 이때 파일들을 내려 받는 디렉터리를 작업 사본(Working copy)이라고 부른다. 체크아웃 명령을 내리면 서브버전 클라이언트는 서버와 통신을 해서 최신판 파일들을 복사해와 편집할 수 있는 상태로 만든다. 저장소에 보안 설정이 되어 있다면 사용자 이름과 패스워드를 묻기도 한다.

서브버전 프로젝트는 일반적으로 서버의 trunk 디렉터리에 저장되는데 이 책에 나온 프로젝트 생성하는 법 설명을 따라했다면 이미 그렇게 되어 있을 것이다. 체크아웃할 때도 저장소 URL 맨 뒤에 trunk를 붙여야 한다. 그렇지 않으면 저장소의 모든 파일이 복사되는데 여기에는 태그와 브랜치 등이 포함되어 복사하려던 파일보다 훨씬 많은 파일이 다운로드될 것이다. 실행 예제에서도 프로젝트의 trunk 디렉터리까지 적었고, 파일들이 저장될 디렉터리로는 mbench를 지정했다. 디렉터리를 지정하지 않으면 trunk라는 이름의 폴더가 만들어지고 파일들이 그곳에 복사된다. 프로젝트를 여러 개 다루는 중이라면 매우 헷갈릴 것이다.

저장소의 파일들이 다운로드되는 작업용 컴퓨터의 디렉터리를 작업 사본이라고 부르는데, 서브버전은 작업 사본 내의 파일들이 어느 저장소에서 왔는지, 서버에서 체크아웃될 때 리비전이 무엇이었는지, 체크아웃 이후에 어느 부분이 수정되었는지 추적한다. 이때 서브버전은 각종 정보를 .svn이라는 숨겨진 디렉터리에 저장한다. 이 디렉터리를 수정하거나 삭제하거나 망가뜨리면 작업 사본이 제대로 동작하지 않게 되므로 주의해야 한다.

체크아웃은 프로젝트에 대해 처음 한번만 수행하면 된다. 작업 사본이 생성된 후에는 업데이트 명령으로 최신 파일들을 가져오면 된다. 업데이트 과정은 「17번 작업, 최신 리비전으로 업데이트하기」에서 자세히 설명한다.

코너스톤으로 체크아웃하면 작업 사본 목록에 해당 작업 사본이 자동으로 추가된다. 이제부터 코너스톤에 대해 설명할 때에는 작업 사본 목록에 해당 작업 사본이 추가되어 있다고 가정하고 설명한다.

작업 사본으로 체크아웃하기

```
prompt> cd ~/work
prompt> svn checkout http://svn.mycompany.com/mbench/trunk mbench
```

토터스로 체크아웃하기

윈도 탐색기에서 c:\work 디렉터리로 이동한 후, 마우스 오른쪽 버튼을 클릭하고 SVN Checkout을 선택한다. 그리고 대화상자에 다음과 같이 입력한다.

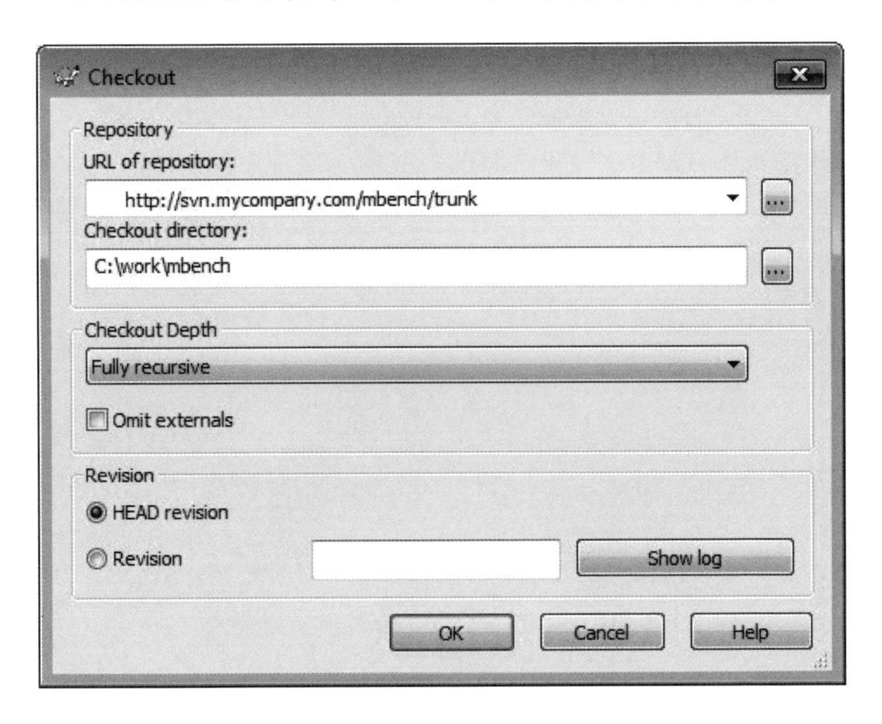

코너스톤으로 체크아웃하기

저장소 목록에서 소스로 사용할 저장소를 선택한 다음 저장소 브라우저에서 trunk 디렉터리로 이동한다. 컨트롤 키를 누른 채로 trunk를 클릭한다. Check out Working Copy를 선택하고, 작업 사본으로 사용할 디렉터리를 지정한 후 Check Out을 클릭한다.

관련작업

- 5번 작업, 새 프로젝트 생성하기
- 36번 작업, 서브버전 호스팅 서비스 사용하기

8번 작업

변경 기록 보기

서브버전은 작업 사본 내 파일들을 계속 감시하므로 파일을 수정하면 이를 자동으로 감지한다. 파일이나 디렉터리가 수정되었는지, 각 파일의 어느 부분이 수정되었는지도 정확히 알 수 있다. 프로그래머가 한참 기능을 구현하는 중이라면 지금까지 어디 어디를 수정했는지 헷갈리기 쉬운데 이를 추적하는 데 도움이 될 것이다.

서브버전의 status 명령으로 작업 사본에서 전체 파일을 검사해 수정된 파일이 무엇인지 알아낼 수 있다. 서브버전은 이 과정을 빠르게 처리할 수 있도록 트릭을 사용하기는 하지만, 그래도 모든 파일을 조사해 변경 사항이 있는지 검사한다는 점에는 변함이 없다. 작업 사본에 파일이 아주 많다면 조사하는 데 시간이 오래 걸릴 수도 있다. 특정 디렉터리 내에서만 작업했다면 전체 프로젝트 대신 그 디렉터리만 검색하도록 해서 속도를 올릴 수도 있다.

서브버전은 다음 문자들로 파일 상태를 나타낸다.

A - 작업 사본에 새로 추가됨

C - 업데이트나 병합 때문에 충돌이 발생함

D - 작업 사본에서 삭제됨

G - 저장소의 버전과 병합됨

I - 작업 사본에서 무시됨

M - 작업 사본에서 수정됨

R - 작업 사본에서 대치됨

? - 버전 제어의 대상이 아님

! - 작업 사본에 없거나(svn 명령을 통하지 않고 삭제됨) 불완전한 상태임

서브버전의 변경 사항 보기(diff) 명령을 실행하면 여러 가지 프로그램에서 사용 가능한 통합 포맷(unified diff)으로 수정된 사항을 표시해준다. 이 명령은 체크아웃했던 때와 현재 상태를 비교해 차이점을 출력한다. 더하기 기호는 자신이 파일에 추가한 새 텍스트를 나타내고 빼기 기호는 파일에서 삭제된 텍스트를 나타낸다. 여러 줄을 수정했다면 여러 개의 더하기나 빼기 기호들이 수정된 구간을 표시한다.

커맨드라인 클라이언트는 텍스트로만 변경 사항을 출력하기 때문에 보기에 불편할 수도 있다. 다음 작업에서 보겠지만 변경 사항을 보여주는 기능은 GUI 클라이언트들이 더 뛰어나다.

작업 사본에서 어느 파일이 변경됐는지 보기

```
mbench> svn status
M .idea/workspace.xml
M src/mbench.java
```

파일이 어떻게 바뀌었는지 보기

```
prompt> svn diff src/
Index: src/mbench.java
=======================================================
--- src/mbench.java (revision 6)
+++ src/mbench.java (working copy)
@@ -1,10 +1,13 @@
 public class mbench {
-    public static int main(String[] args) {
+    public static void main(String[] args) {
         if(args.length != 3) {
             usage();
-            return -1;
+            return;
         }
-        return 0;
+
+        String dbHost = args[0];
+        long docCount = Long.parseLong(args[1]);
+        long runTime = Integer.parseInt(args[2]);
```

```
    }

    private static void usage() {
```

관련작업

- 21번 작업, 로그 보기
- 9번 작업, 토터스로 변경 기록 보기
- 10번 작업, 코너스톤으로 변경 기록 보기
- 15번 작업, 작업 사본의 수정 사항 되돌리기

9번 작업

토터스로 변경 기록 보기

토터스에서는 Check for modifications... 메뉴를 이용해서 수정된 내용을 출력할 수 있다. 이 기능은 작업 사본 내에서는 어디서든 실행할 수 있고, 폴더 내의 모든 변경 기록을 확인할 수도 있다. 커맨드라인 클라이언트와 마찬가지로 특정 디렉터리만 검사할 때가 더 빠르다. 각 파일은 상태를 알 수 있도록 다른 색상으로 표시되고, 'text staus' 칸에 상태가 표시된다.

토터스에는 변경 사항 표시 방식을 제어할 수 있는 몇 가지 체크 박스가 있다.

Show unversioned files

서브버전에 추가되지 않은 새 파일들을 보여준다. 이 옵션을 계속 켜두면 저장소에 커밋할 때 새로 만든 파일을 빼먹는 실수를 예방할 수 있다

Show unmodified files

소규모 프로젝트에 유용한 옵션이다. 수정되지 '않은' 파일도 보여준다.

Show ignored files

대개는 쓸 일이 없는 옵션으로 서브버전이 현재 무시하도록 지정된 파일들을 보여준다. 관련 기능은 「16번 작업, 파일 무시하기」를 참조하자.

Show items in externals

서브버전의 외부 저장소(externals) 기능을 사용해 다른 저장소에서 파일들을 가져왔다면, 이 옵션으로 외부 저장소로부터 가져온 파일들의 변동 사항을 표

시할 수 있다. 「44번 작업, 외부 저장소 사용하기」에 관련 사항이 있다. 이 옵션은 항상 켜두는 것이 좋다.

Show properties

파일 속성의 변경 사항을 표시한다. 파일 속성을 특별히 수정하지 않았다면 대개는 꺼두어도 괜찮다.

마우스 포인터를 파일에 두고 오른쪽 버튼을 클릭하면 각 파일에 사용 가능한 메뉴를 볼 수 있다. 이 메뉴를 통해 최근 변경 기록 보기, 수정 사항 취소 등의 기능을 사용할 수 있다. 변경된 파일을 더블 클릭하거나 오른쪽 버튼 클릭 후 Compare with base를 선택하면 수정된 부분들을 멋지게 보여주는 창이 뜰 것이다. TortoiseMerge라는 프로그램이 수정 사항을 보여주는 기본 프로그램인데, 자신이 좋아하는 다른 프로그램이 뜨도록 설정할 수도 있다.

작업 사본 내에서 어떤 파일이 수정됐는지 보기

작업 사본 루트 디렉터리에서 마우스 오른쪽 버튼을 클릭한 후 TortoiseSVN 〉 Check for modifications를 선택하면, 다음과 같은 창이 보인다.

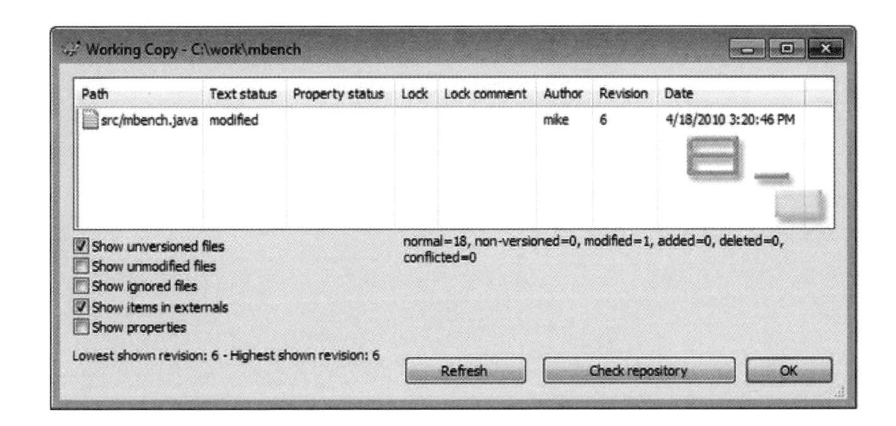

파일이 어떻게 수정됐는지 보기

수정된 파일 목록에서 보고 싶은 파일을 더블 클릭하면 해당 파일의 수정 사항을 자세히 볼 수 있는 창이 열린다.

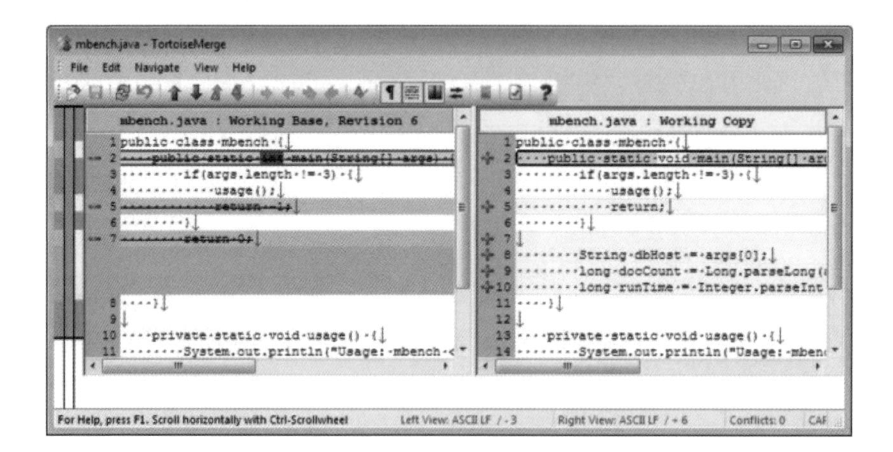

관련작업

- 21번 작업, 로그 보기
- 15번 작업, 작업 사본의 수정 사항 되돌리기

10번 작업

코너스톤으로 변경 기록 보기

작업 사본 목록에서 원하는 작업 사본을 클릭하면 코너스톤이 자동으로 파일들의 수정 사항을 검사하고 그에 따라 파일 목록을 업데이트한다. 작업 사본 파일을 전부 보여주는 것이 기본 설정인데 프로젝트가 조금만 커져도 너무 많은 파일이 보일 수 있다. Changed 뷰를 선택해 새로 만든 파일이나 수정된 파일만 보이게 하자.

수정된 파일들은 이름 오른쪽에 작은 M자 아이콘이 표시된다. 새로 생성된 파일 오른쪽에는 노란색 물음표 아이콘이 보이고, 추가된 파일은 녹색 A 아이콘이, 삭제된 파일은 빨간색 D 아이콘이 표시된다.

특정 파일의 수정 내역을 확인하려면 파일을 선택한 후 메뉴 바에서 Compare with BASE를 클릭한다. 이 명령은 파일이 저장소에서 복사된 이후의 수정 내역을 보여준다. Compare with HEAD를 실행하면 저장소의 최신 버전과 작업 사본 사이의 차이점을 보여준다.

작업 사본 내 어떤 파일이 수정됐는지 보기

작업 사본 목록에서 원하는 작업 사본을 선택한다. 작업 사본 브라우저가 메인 창에 나타날 것이다. 브라우저 위쪽의 Changed 버튼을 클릭하면 수정된 파일들만 표시된다.

파일이 어떻게 수정됐는지 보기

수정된 파일을 선택한 후 작업 사본 브라우저 하단의 Compare with BASE 버튼을 클릭한다. 코너스톤의 내장 GUI 비교 프로그램이 수정 사항을 보여준다.

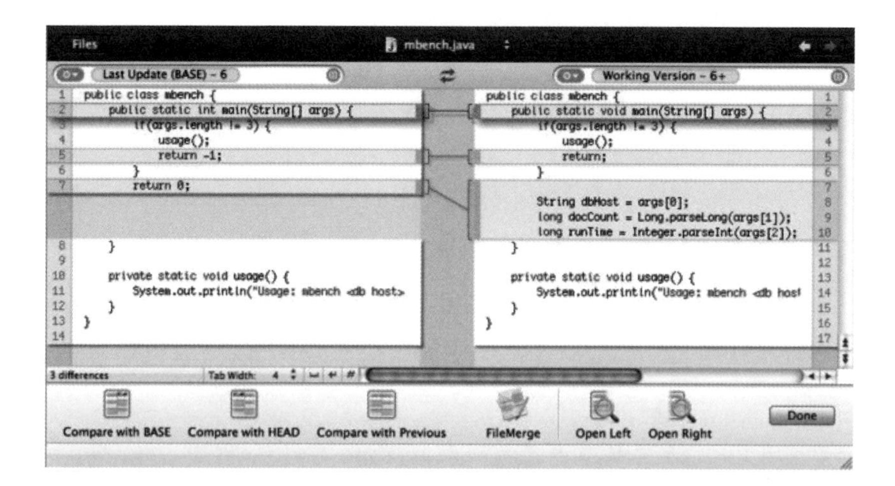

관련작업

- 21번 작업, 로그 보기
- 15번 작업, 작업 사본 수정 사항 되돌리기

11번 작업

커밋으로 수정 사항 반영하기

만족스럽게 수정했다면 변경 사항을 저장소에 반영해야 한다. 이를 커밋이라고 한다. 변경 사항을 저장소에 커밋해야만 프로젝트의 다른 참여자들과 공유할 수 있고, 서버에 작업 결과가 안전하게 보관된다. 커밋은 체크인이라고 부르기도 하는데, 똑같은 기능을 가리키며 서로 바꿔 쓸 수 있다.

커밋으로 작업 결과를 반영할 때면 '커밋 메시지(commit message)'를 함께 입력해야 한다. 저장소에 반영된 작업 결과와 커밋 메시지가 하나로 합쳐져 하나의 리비전이 만들어진다. 메시지를 적을 때는 항상 제대로 된 의미를 나타내도록 해야 나중에 누군가가 (대개는 여러분 자신이) 해당 리비전의 수정 이유를 이해하기 쉬워진다. 메시지에는 '무엇을' 수정했는지보다는 '왜' 수정했는지 적는 것이 좋다. 어디를 수정했는지는 서브버전도 보여줄 수 있지만, 그 의도까지 보여주지는 않기 때문이다.

소프트웨어를 만드는 중이라면 커밋하기 전에 저장소로부터 최신판을 받아서 빌드해 보아야 한다(「17번 작업, 최신 리비전으로 업데이트하기」를 참고하라). 그래야만 저장소의 최신판과 자신의 작업 결과가 충돌하지는 않는지, 아무것도 망가뜨리지 않았는지 확인할 수 있다. 팀원들도 그러한 성실함에 고마워할 것이다.

수정된 파일들 중 일부만 커밋하려면 커맨드라인이나 GUI에서 커밋할 파일이나 디렉터리들을 지정하면 된다. 하지만 조심해야 한다. 작업한 프로그램의 소스 코드 중 절반만 커밋한다면 다른 사람들이 그 리비전을 받았을 때 동작하지 않을 가능성이 높다.

토터스의 커밋 창은 수정 사항을 확인할 때 보이는 "Check for modifications..."

창과 비슷하게 생겼다. 위쪽에 커밋 메시지를 적을 수 있고, 아래쪽에 수정된 파일들이 표시된다. 이 중 아무 파일이나 더블 클릭하면 바뀐 부분을 확인할 수 있다. 체크박스의 체크를 없애면 그 파일은 커밋되지 않는다.

코너스톤에서 커밋을 실행하면 변경된 파일들이 나열된 창을 보여주고 커밋 메시지를 물어온다. 수정 사항을 자세히 검토하고 싶다면 파일을 더블 클릭해 GUI 형태로 변경 사항을 볼 수 있다. 체크박스의 체크를 없애면 해당 파일은 커밋에서 제외된다.

저장소에 변경된 파일들 커밋하기

```
mbench> svn commit -m "Now parsing command-line options"
```

토터스로 커밋하기

작업 사본의 루트 디렉터리에서 오른쪽 버튼을 클릭하고, SVN Commit을 선택하면 커밋 창이 나타난다.

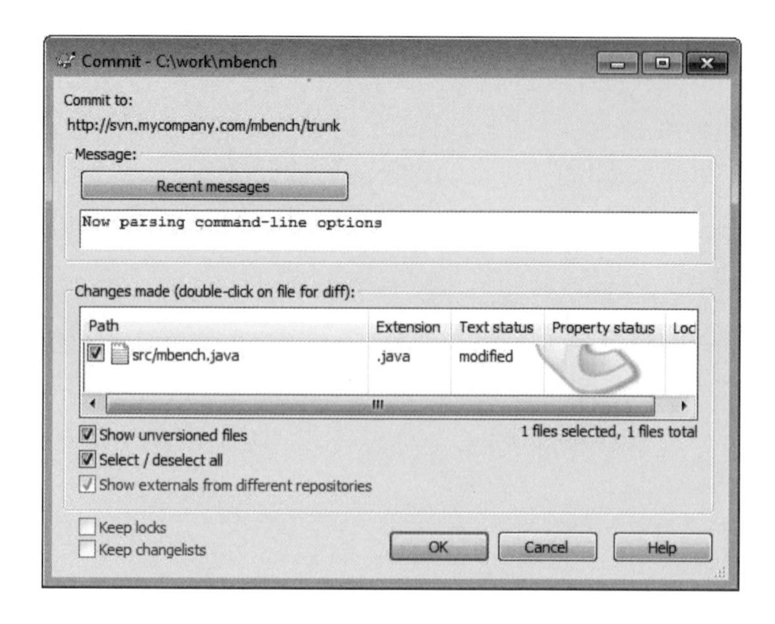

코너스톤으로 커밋하기

작업 사본 목록에서 프로젝트를 선택한 후, 메뉴 막대에서 커밋 아이콘을 클릭한다. 수정된 파일들을 보여주며 커밋 메시지를 물어올 것이다. Commit Changes를 클릭하면 커밋이 완료된다.

관련작업

- 8번 작업, 변경 기록 보기
- 17번 작업, 최신 리비전으로 업데이트하기

12번 작업

파일과 디렉터리 추가하기

서브버전이 작업 사본에 파일이나 디렉터리가 만들어지는 것은 알 수 있지만, 이것들을 저장소에 자동으로 추가해주지는 않는다. 파일이나 디렉터리를 저장소에 추가하는 데는 두 단계의 작업이 필요하다. 첫 번째는 추가할 항목들을 서브버전에 알려주는 것이고, 두 번째는 커밋 명령을 내려 저장소에 실제로 업로드하는 것이다.

두 가지 작업이 필요하다는 것을 기억해야 한다. 그리고 파일을 생성하고 그 안에 내용을 채우는 것도 중요하지만, 그 파일을 서브버전에 추가하는 작업도 잊지 말아야 한다. 프로그래밍을 마친 후에 추가해야겠다고 생각하고 일하다 보면 추가 작업을 잊어버리기 쉽다. 작업 사본에 파일 추가 명령을 내려도 서버 쪽에는 아무런 영향이 없으며 커밋하기 전까지는 다른 팀원들에게 보이지 않는다. 작업을 마치고 변경 사항을 커밋해야만 저장소에 업로드된다. 이런 식으로 미리 추가해두고 나중에 서버에 업로드하는 것을 '스케줄링(scheduling)'이라고 부른다.

커맨드라인 클라이언트는 추가할 파일이나 디렉터리를 인자로 받는다. 디렉터리를 추가하면 그 디렉터리 아래의 모든 파일과 서브 디렉터리까지 자동으로 추가된다.

토터스에서 파일을 추가할 때, 디렉터리 추가를 선택하면 지정된 디렉터리의 전체 내용이 표시된다. 추가하지 않으려는 파일의 체크 박스만 클릭한 후 OK를 선택하자.

코너스톤에서는 디렉터리를 선택하고 Add 버튼을 누르면 디렉터리 내의 아이템은 추가하지 않고 디렉터리 자체만 추가한다. Add 버튼을 누른 채로 기다렸다가 'Add to Working Copy with Contents'를 선택해야 지정된 디렉터리 아래의 모든 항목이 추가된다.

파일이나 디렉터리를 저장소에 추가하려고 스케줄링해 둔 상태에서 아직 커밋하지 않았다면 '되돌리기(revert)' 기능으로 취소할 수 있다. 「15번 작업, 작업 사본 수정 사항 되돌리기」를 참고하자.

작업 사본에 새로운 파일과 디렉터리 추가하기

```
mbench> svn add README.txt docs/
mbench> svn commit -m "Adding docs folder for documentation"
```

토터스로 파일 추가하기

윈도 탐색기에서 추가할 파일이나 디렉터리를 찾은 다음 마우스 오른쪽 버튼을 클릭하고 TortoiseSVN 〉 Add를 선택한다.

작업 사본의 루트 디렉터리에서 오른쪽 버튼을 클릭한 후 SVN Commit....을 선택해 커밋한다.

코너스톤에서 파일 추가하기

작업 사본 목록에서 프로젝트를 선택한 후 Changed 버튼을 누르면 새로 추가된 파일들의 오른쪽에 노란색 물음표가 표시되는데 이 파일들을 선택한 후 하단 도구 막대의 Add 버튼을 클릭한다.

그리고 상단 도구 막대의 Commit을 클릭하면 커밋까지 완료된다.

관련작업

- 8번 작업, 변경 기록 보기
- 11번 작업, 커밋으로 수정 사항 반영하기
- 15번 작업, 작업 사본의 수정 사항 되돌리기

13번 작업

파일과 디렉터리 삭제하기

항목 추가와 마찬가지로 삭제에도 두 단계가 필요하다. 우선 삭제할 파일들을 서브버전에 알려준 다음 커밋으로 저장소에 반영해야 한다. 커밋하기 전까지는 서버에서는 아무것도 삭제되지 않는다.

추가할 때도 마찬가지이지만 같이 처리할 다른 수정 사항들과 함께 처리해야 한다. 예를 들어 IDE로 소스 코드를 관리하면서 특정 클래스를 없애고 싶다면, 클래스의 소스 파일도 삭제하고 IDE의 프로젝트 설정에서도 그 파일을 참조하지 않도록 수정한 다음 모두 한꺼번에 커밋해야 한다.

디렉터리를 삭제하면 자동으로 그 디렉터리 아래 파일과 서브 디렉터리들도 함께 삭제된다. 주의할 점은 커밋을 해야만 서브 디렉터리 트리 전체가 완전히 삭제된다는 것이다. 각 서브 디렉터리에는 .svn이라는 디렉터리가 숨겨져 있는데 커밋 전까지는 여기에 담긴 정보가 필요할 수도 있기 때문이다. 이 디렉터리들은 직접 지워서는 안 된다. 커밋 명령을 내리면 서브버전이 서브 디렉터리들까지 알아서 삭제해준다. 커맨드라인 클라이언트, 토터스, 코너스톤 모두 이런 방식으로 동작하므로 삭제 명령을 내린 후에 디렉터리가 남아 있는 것이 보여도 걱정할 필요는 없다.

저장소에서 파일이나 디렉터리를 삭제하도록 스케줄링했으나 아직 커밋은 하지 않았다면 되돌리기 기능으로 파일들을 다시 살릴 수 있다. 삭제한 것을 되돌리면 지워진 파일과 디렉터리가 작업 사본으로 복원된다. 좀 더 자세한 내용은 「15번 작업, 작업 사본의 수정 사항 되돌리기」를 참고하자.

작업 사본에서 파일과 디렉터리 삭제하기

```
prompt> svn delete src/app/Widget.cs src/app/utils
prompt> svn commit -m “Deleted Widget class and utils package”
```

토터스로 파일과 디렉터리 삭제하기

파일이나 디렉터리에서 오른쪽 버튼을 클릭한 후 TortoiseSVN 〉 Delete를 선택한다.

작업 사본의 루트 디렉터리에서 오른쪽 버튼을 클릭한 후 SVN Commit....을 선택해 커밋한다.

코너스톤으로 파일과 디렉터리 삭제하기

작업 사본 목록에서 프로젝트를 선택한 후 브라우저에서 All 버튼을 클릭한다. 삭제할 파일이나 디렉터리들을 찾아 커맨드 키를 누른 채 마우스를 클릭한 후 Delete...를 선택한다.

작업 사본 브라우저에서 작업 사본의 루트 디렉터리를 선택한 후 도구 막대에서 Commit 버튼을 클릭해 저장소에 반영한다.

관련작업

- 8번 작업, 변경 기록 보기
- 11번 작업, 커밋으로 수정 사항 반영하기
- 15번 작업, 작업 사본의 수정 사항 되돌리기

14번 작업

파일과 디렉터리 이동과 이름 변경

서브버전에서는 이동과 이름 변경이 거의 비슷하게 동작한다.[8] 파일이나 디렉터리 이름을 바꾸는 작업은 파일의 이동과 똑같다. 즉, 같은 위치로 이동하면서 새로운 이름을 지정하는 것이다. 파일이나 디렉터리를 새로운 위치로 이동시키는 경우 옮겨갈 디렉터리를 지정해야 한다. 옮길 디렉터리와 새로운 이름을 함께 적어주면 이동과 이름 변경을 동시에 할 수 있다.

이동이나 이름 변경도 추가나 삭제처럼 두 단계로 이루어진다. 먼저 이동하거나 이름을 바꿀 항목을 서브버전에 알려준 후, 커밋으로 저장소에 반영한다.

작업 과정을 자세히 들여다보면 서브버전은 이동이나 이름 변경을 몇 가지 작업으로 나눈 후 전체 기록을 관리한다는 것을 알 수 있다. 즉, 지정한 위치에 새로운 파일을 추가하고 이전 파일을 삭제하는 과정을 기록해 둠으로써 어디에서 온 파일인지 알 수 있게 해준다. 그래야 그 파일을 추적할 수 있기 때문이다.

커맨드라인 클라이언트는 move, mv, ren, rename을 같은 명령으로 취급한다.

토터스는 '오른쪽 버튼으로 끌기'라는 멋진 기능으로 파일과 디렉터리를 이동한다. 이 동작으로 이동, 또는 이동과 이름 변경을 한꺼번에 처리할 수 있다. '오른쪽 버튼으로 끌기'를 하려면 마우스 포인터를 파일 위에 두고 오른쪽 버튼을 누른 후, 옮겨갈 위치로 끌고 가서 버튼에서 손가락을 떼면 된다.

코너스톤은 파일 이동과 이름 변경을 위한 직관적인 인터페이스를 제공한다. 그냥 작업 사본 브라우저 내에서 항목을 새로운 위치로 끌고 간 후 마우스 버튼을 떼면 이름을 바꿀 것인지 물어온다. 이때 새로운 이름을 입력하면 된다. 이동만 시키는 경우에는 그냥 엔터 키를 치면 항목 이름을 바꾸지 않고 옮기기만 해준다.

---

8 서브버전은 유닉스의 영향을 많이 받았다. 유닉스의 rename 명령은 실제로는 move 명령이다.

커맨드라인으로 파일 이름 바꾸기

```
prompt> svn mv README.txt 001-README.txt
A         001-README.txt
D         README.txt
prompt> svn commit -m "README now shows first in directory"
```

커맨드라인으로 파일 옮기기

```
prompt> svn mv src/app/Widget.cs src/app/util/
prompt> svn commit -m "Moved Widget class into util package"
```

토터스로 파일 이름 바꾸기

파일이나 디렉터리에서 오른쪽 버튼을 클릭한 후 TortoiseSVN 〉 Rename....을 선택한다.

이름을 바꾼 후에는 작업 사본의 루트 디렉터리에서 오른쪽 버튼을 클릭해서 SVN Commit....을 선택해 커밋을 실행한다.

토터스로 파일 옮기기

윈도 탐색기에서 오른쪽 버튼 끌기 기능으로 다른 위치로 항목을 옮긴 후 SVN Move versioned item(s) here를 선택한다.

작업 사본의 루트 디렉터리에서 오른쪽 버튼을 클릭 후 SVN Commit....을 선택해 커밋한다.

코너스톤으로 파일 이름 바꾸기

작업 사본 브라우저에서 이름을 바꿀 파일을 클릭한 후 잠시 기다렸다가 다시 한 번 클릭한다. 파일 이름이 수정 가능한 상태로 바뀔 것이다. 새로운 이름을 입력하고 엔터 키를 치면 된다.

도구 막대에서 커밋을 클릭해 저장소에 수정 사항을 반영한다.

코너스톤으로 파일 옮기기

작업 사본 브라우저에서 파일을 옮길 새 위치로 끌고 간다. 그러면 코너스톤이 새로운 이름을 입력할 것인지 물어온다. 엔터 키를 눌러 새 이름을 확정하면 파일을 옮겨 준다.

도구 막대에서 Commit을 클릭해 수정 사항을 저장소에 반영한다.

관련작업

- 8번 작업, 변경 기록 보기
- 11번 작업, 커밋으로 수정 사항 반영하기
- 15번 작업, 작업 사본의 수정 사항 되돌리기

15번 작업

작업 사본의 수정 사항 되돌리기

작업 사본에서 수정한 사항 중에 마음에 들지 않는 것이 있을 때는 이를 되돌릴 수 있다. 서브버전 클라이언트가 해당 파일을 체크아웃이나 마지막 업데이트 때 상태로 복구해준다. 이때 저장소에 있는 최신판으로 수정되지는 않으므로 업데이트를 해야 저장소의 최신판을 가져온다.

서브버전은 각 디렉터리에 감춰진 .svn 디렉터리 내부에 파일들의 깨끗한 원본을 저장해 두므로 서버와 통신하지 않고도 되돌리기 작업을 할 수 있다. 비행기나 집에서 작업할 때처럼, 서버와 네트워크에 연결이 어려운 상황에서 유용한 특징이다.

코너스톤은 복사나 이동, 이름 바꾸기 작업을 한 후 revert 명령을 실행해도 새로 생성된 파일들을 삭제해주지 않는다. 작업 사본 브라우저를 보면 새로 생성된 파일과 디렉터리들의 오른쪽에 노란색 물음표가 보일 것이다. 커맨드 키를 누른 채로 해당 파일들을 클릭하고 메뉴가 보이면 Delete...를 선택해서 필요 없어진 파일들을 삭제해야 한다.

작업 사본에서 revert 명령을 내리는 것은 커밋되지 않은 경우에만 가능하다. 커밋하고 나서 되돌리고 싶어졌다면 「23번 작업, 커밋된 리비전 되돌리기」를 보라.

특정 파일이나 디렉터리의 수정 사항 되돌리기

```
prompt> svn revert Number.txt
prompt> svn revert -R src/util/
```

작업 사본의 수정 작업을 전부 되돌리기

```
prompt> cd work/mbench
prompt> svn revert -R .
```

토터스로 작업 되돌리기

작업 사본의 루트 디렉터리에서 오른쪽 버튼을 클릭해서 TortoiseSVN 〉 Revert....를 선택하면 다음과 같은 화면이 보일 것이다.

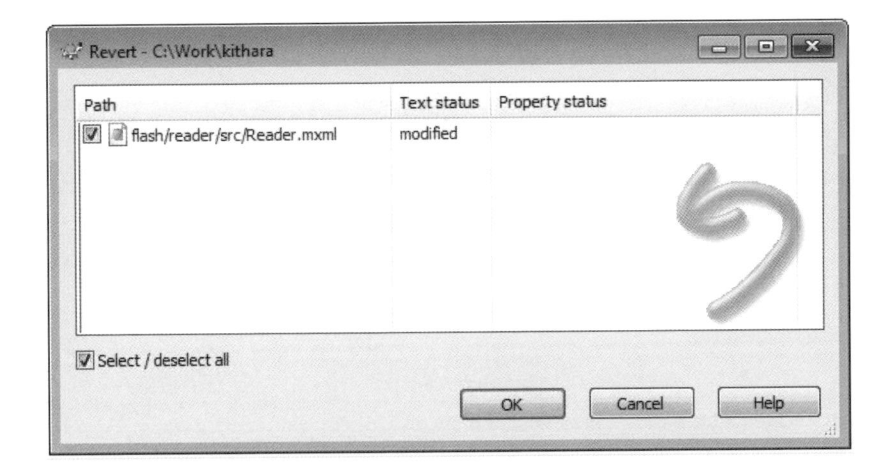

수정 작업을 되돌리고 싶은 항목을 선택한 다음 OK를 클릭한다.

코너스톤으로 수정 사항 되돌리기

작업 사본 목록에서 프로젝트를 선택한 후 작업 사본 브라우저에서 수정 작업을 취소할 파일이나 디렉터리를 선택한 다음, 도구 막대의 Revert를 클릭한다.

관련작업

- 8번 작업, 변경 기록 보기
- 23번 작업, 커밋된 리비전 되돌리기

16번 작업

파일 무시하기

소프트웨어 개발은 아주 복잡한 작업이다. 빌드에 사용되는 도구나 IDE들은 개발 작업이나 빌드 실행 중에 임시 파일을 만들기도 한다. 대개 이런 임시 파일들은 다른 사람들과 공유할 필요도 없고 서브버전에 저장할 필요도 없다. 하지만 서브버전은 개발자를 도와주기 위해 저장소에 추가되지 않은 파일을 발견할 때마다 이 파일들이 무엇인지 물어올 것이다. svn status 명령으로 작업 사본 상태를 볼 때마다 물음표와 함께 표시될 것이고 코너스톤과 토터스의 GUI에서도 계속 눈에 띌 것이다.

무시하고 싶은 항목이 있는 디렉터리에서 svn:ignore라는 프로퍼티를 편집함으로써 서브버전이 이 파일이나 디렉터리를 무시하도록 할 수 있다. 프로퍼티에 대해서는 「43번 작업, 프로퍼티 다루기」에서 자세히 설명한다. svn:ignore 프로퍼티는 한 줄에 파일 이름이 하나씩 나열된 단순한 텍스트로 구성된다. 와일드카드를 지원하므로 확장자가 *.tmp인 임시 파일을 전부 무시하게 할 수도 있다.

디렉터리에서 svn:ignore 프로퍼티를 수정한 후에 저장소에 프로퍼티 변경 사항을 커밋하면 다른 사용자들에게도 도움이 된다. 커밋하기 전까지는 자신의 작업 사본에서만 그 파일들이 무시될 것이다. 커밋 이후에는 다른 사용자들이 작업 사본을 업데이트하면, 그들의 서브버전 클라이언트가 해당 파일을 무시하기 시작할 것이다.

svn:ignore 프로퍼티는 해당 디렉터리에서만 동작한다. 같은 이름의 파일도 서브 디렉터리에 있다면 영향을 받지 않는다. 디렉터리들을 돌아다니며 svn:ignore를 지정하지 않으려면 프로젝트를 구성할 때 임시 파일이나 바이너리 파일을 한군데에 생성하도록 설정해야 한다. 많은 개발자들이 작업 사본에 build 디렉터리를 만들고 이곳에 임시 파일들이 생성되도록 설정한다. svn:ignore 프로퍼티를 사용해 build 디렉터리를 무시하게 하면 더 이상 서브버전 상태 메시지에 임시 파일들이 가득 차는 일은 없을 것이다.

svn:ignore 프로퍼티를 설정했는데 이를 취소하고 싶다면 다른 수정 사항을 취소할 때처럼 하면 된다. 하지만 파일의 수정 사항을 취소하면 안 된다. 그건 개발 작업 때문에 수정한 파일일 것이다! svn:ignore 프로퍼티를 취소하려면 디렉터리에 대해서만 되돌리기 명령(revert)을 실행해야 한다.

커맨드라인 클라이언트로 파일과 디렉터리를 무시하게 하기

```
mbench> svn status
?       test
?       out
M       .idea/workspace.xml
M       src/util/populator.java
mbench> svn propedit svn:ignore .
```

svn:ignore 프로퍼티에 test와 out 디렉터리를 적고 저장한 후 에디터를 종료한다.

```
mbench> svn status
svn status
M       .
M       .idea/workspace.xml
M       src/util/populator.java
mbench> svn commit -N -m "Ignored test and out directories" .
```

토터스로 항목 무시하기

작업 사본의 루트 디렉터리에 오른쪽 버튼을 클릭해서 TortoiseSVN 〉 Check for modifications를 선택한 다음, Show unversioned files가 체크되어 있는지 확인한다. 무시하고 싶은 파일에 오른쪽 버튼을 클릭한 후 Add to ignore list를 선택한다. 그리고 커밋 명령으로 저장소에 반영한다.

코너스톤으로 파일 무시하기

작업 사본 목록에서 프로젝트를 선택한 후 All 뷰를 선택하고, 무시하고 싶은 파일을 찾는다. 아직 저장소에 추가되지 않은 파일들이 노란색 물음표와 함께 표시될 것이다.

컨트롤 키를 누른 상태에서 무시하고 싶은 파일들을 선택한 다음 Ignore를 클릭한다. 그리고 커밋 명령으로 저장소에 반영한다.

관련작업

- 8번 작업, 변경 기록 보기
- 15번 작업, 작업 사본의 수정 사항 되돌리기

3부

공동 작업

Pragmatic Guide to Subversion

서브버전은 공동 작업을 위한 도구다. 혼자서도 사용할 수 있지만, 여러 명이 팀을 이뤄서 프로젝트를 진행할 때 능력을 제대로 보여줄 수 있다. 3부에서는 저장소의 파일들을 공동으로 수정하는 방법을 설명한다.

프로그래밍 팀의 개발 과정은 최신판으로 코드 업데이트, 기능 추가 등을 위한 파일 수정, 저장소에 커밋하기의 순서로 진행된다. 많은 팀이 하루에도 몇 번씩 '업데이트, 수정, 커밋'을 반복하기도 한다. 이 방식이 프로젝트 팀원들 간에 파일들을 지속적으로 동기화하는 가장 좋은 방법이다.

서브버전의 협업 모델은 팀원 두 명이 같은 파일을 동시에 수정하는 것을 막지 않는다. 대개는 개발자들이 서로 다른 기능을 구현하는 경우가 많고, 따라서 서로 다른 파일을 수정할 것이다. 어쩌다 같은 파일을 수정한다 해도 서로 다른 부분을 수정할 가능성이 높은데, 이때는 서브버전이 자동으로 합쳐준다. 드물지만 두 개발자가 같은 파일의 같은 부분을 수정할 수도 있다. 이런 경우에는 자동 병합이 실패하는데 이를 충돌(conflict)이라고 부른다. 서브버전 1.6부터는 디렉터리 트리의 충돌까지 처리할 수 있다. 한 사용자는 파일 이름을 바꾸었는데, 다른 사용자는 그 파일 내용을 수정하는 것처럼 자동으로 처리할 수 없는 파일이나 디렉터리의 충돌이 트리 충돌이다. 서브버전은 이런 충돌을 해결할 수 있도록 몇 가지 도구를 제공한다. 3부에서는 이 내용을 다룬다.

서브버전의 복사·수정·병합 모델은 '낙관적 잠금(optimistic locking)'이라는 개념에 기반을 둔다. 특정 파일을 지정해서 '비관적 잠금(pessimistic locking)'을 사용하도록 할 수도 있는데, 「29번 작업, 파일 잠금 기능」에서 자세히 설명한다. 충돌이 자주 발생한다면 프로젝트 진행에 문제가 있다는 신호로 생각해야 한다. 개발자들 간에 충분한 대화가 없든지, 업무가 중첩되어 있을지도 모른다(예를 들어 같은 버그를 고치는 식으로). 아니면 너무 자주 편집해야만 하는 파일이 있다는 뜻일 수도 있다. 이 경우에는 클래스를 더 작게 쪼개면 도움이 될 것이다.

3부에서는 다음 내용을 다룬다.

- 「17번 작업, 최신 리비전으로 업데이트하기」에서 팀원들과 작업 결과를 지속적으로 동기화하는 방법을 다룬다.
- 여러 사람이 한 파일의 똑같은 부분을 수정하면 서브버전은 충돌이 일어났다고 보고할 것이다. 「18번 작업, 충돌 해결하기」에서 이런 상황을 어떻게 처리하는지 설명한다.
- 충돌을 해결할 때는 GUI 도구들이 편리하다. 「19번 작업, 토터스로 충돌 해결하기」와 「20번 작업, 코너스톤으로 충돌 해결하기」에서 GUI 도구를 이용한 해결 방법을 설명한다.

팀원들과 최신 작업 결과를 동기화하는 방법부터 알아보자.

17번 작업

최신 리비전으로 업데이트하기

프로젝트를 진행하는 중에는 팀원 모두가 파일을 수정하고 커밋할 수 있다. 저장소에 반영된 이러한 수정 사항은 update 명령으로 다른 팀원들의 작업 사본의 파일들과 합쳐진다. 업데이트는 가급적 자주 하는 것이 좋은데 오랫동안 업데이트를 안 하면 충돌이 발생했을 때 해결이 더 어려워진다. 「18번 작업, 충돌 해결하기」에서 충돌에 대해 자세히 설명할 것이다. 작업 사본에서 파일 수정이 완료되지 않은 상태에서도 업데이트를 실행할 수 있다. 서브버전은 저장소의 수정 사항과 작업 사본의 수정 사항들을 잘 병합해준다. 그냥 덮어쓴다든가, 작업 사본의 작업 결과를 날려버린다든가 하지는 않는다.

서브버전은 업데이트 과정에서 작업 사본의 파일이 변경되면 이에 관한 정보를 사용자에게 알려준다. 추가된 파일, 삭제된 파일, 업데이트된 파일, 작업 사본의 수정 사항과 병합된 파일 등을 구분해서 표시해 준다.

토터스는 업데이트 완료 후에 Show log... 버튼을 표시하는데, 클릭하면 변경 사항 로그를 편하게 볼 수 있다. 업데이트 중에 충돌이 발생했을 때 유용하다.

코너스톤은 업데이트 중에는 별다른 메시지를 출력하지 않는다. 창 왼쪽 아래에 업데이트가 진행 중임을 작게 표시할 뿐이다. 작업 결과를 상세하게 보고 싶다면 아래쪽 도구 막대의 Transcript 버튼을 클릭해야 한다.

작업 사본을 최신판으로 업데이트하기

```
prompt> cd ~/work/mbench
prompt> svn update
```

토터스로 작업 사본 업데이트하기

작업 사본의 루트 디렉터리에서 오른쪽 버튼을 클릭한 후 SVN Update를 선택한다. 작업 상태를 나타내는 창이 보이면서 작업 사본 업데이트가 진행된다.

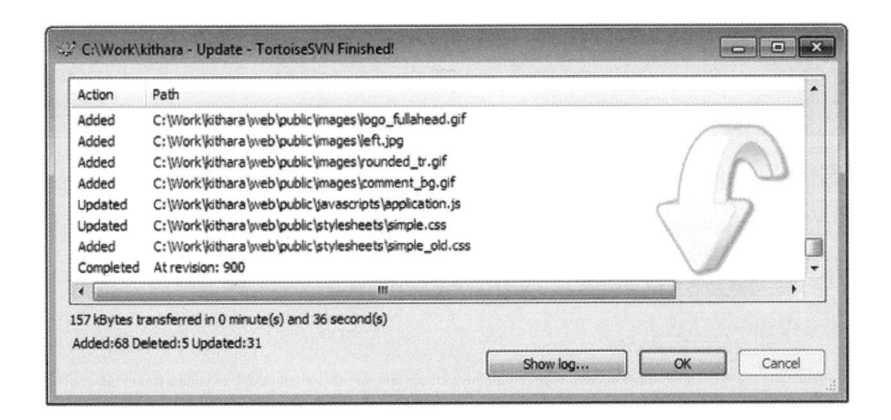

코너스톤으로 작업 사본 업데이트하기

작업 사본 목록에서 프로젝트를 선택한 다음, 도구 막대의 Update 버튼을 클릭한다.

관련작업

- 18번 작업, 충돌 해결하기
- 21번 작업, 로그 보기

18번 작업

충돌 해결하기

동시에 두 명이 한 파일의 같은 부분을 바꿨다면, 서브버전의 자동 병합이 실패할 수 있다. 두 팀원이 똑같은 작업을 하는 경우는 거의 없으므로 충돌도 실제로는 거의 발생하지 않는다. 하지만 두 개발자가 같은 버그를 수정하려고 같은 파일을 고치다 충돌을 일으키거나 함께 사용하는 데이터 구조를 여러 명이 수정하는 상황은 생길 수 있다. 병합 충돌은 동료들과 더 많이 대화하라는 신호로 생각해야 할 것이다.

철수와 영희가 동시에 한 파일의 같은 부분을 수정했는데 영희가 먼저 체크인했다면 여기서는 아무 문제도 발생하지 않을 것이다. 나중에 철수가 체크인을 시도하면 이때 파일들이 구 버전이므로 업데이트부터하라는 메시지를 보게 된다. 메시지를 본 철수가 업데이트를 실행하면 서브버전은 영희의 수정 사항을 철수의 것과 합치려고 할 것이다. 이때 같은 파일의 같은 부분이 수정됐기 때문에 병합은 실패하고 충돌이 발생한다.

서브버전 커맨드라인 클라이언트는 충돌을 해결하는 여러 가지 방법을 제공한다. 충돌이 일어난 파일에 대해 다음 명령 중 하나를 실행할 수 있다.

p - 나중에 해결한다. 충돌이 발생한 부분을 파일 내에 〈〈〈와 〉〉〉 기호로 표시해둔다. 자신이 편집한 내용에는 .mine이 표시되고, 저장소에서 가져온 버전에는 리비전 번호가 표시된다. 두 개가 섞여서 표시되기도 한다. 나중에 마음에 드는 부분을 고른 다음 저장하면 된다.

df - 변경된 부분을 전부 보여준다. 수정 사항도 보여주고, 충돌이 일어난 곳들도 관련 기호와 함께 표시해준다.

e - 병합된 파일을 에디터로 수정한다. 파일 내에 충돌 부분이 표시되어 있으므로 해당 부분을 찾아 수정하면 된다.

r - 충돌이 해결됐다고 표시한다. 자신이 편집한 내용으로 저장한다.

mf - 내 파일(my file)을 의미한다. 저장소에서 가져온 내용은 무시하고 내 작업 사본의 파일을 사용하도록 한다.

tf - 그들의 파일(their file)을 의미한다. 자신이 편집한 것은 무시하고 저장소에서 가져온 파일을 사용하도록 한다.

l - 외부 병합 도구[9]를 실행해 변경 사항을 병합한다.

커맨드라인 클라이언트로 업데이트하고 병합하기

커맨드라인에서 svn update를 실행하면 서브버전이 처리 과정을 감시하다가 충돌이 발생하면 어떻게 처리할지 사용자에게 물어온다.

```
prompt> svn update
Conflict discovered in 'src/mbench.java'.
Select: (p) postpone, (df) diff-full, (e) edit,
        (h) help for more options:
```

앞 페이지 설명을 참고해 원하는 명령을 실행하고 충돌을 해결하면 된다. 시간 제한 같은 것은 없으므로 만족할 때까지 문제가 된 파일을 수정하자.

충돌이 해결됐음을 알려주기

충돌이 일어난 파일에 대해 svn resolved 명령으로 문제가 해결됐음을 서브버전에 알려주어야 한다.

```
prompt> svn resolved src/mbench.java
```

9 환경 변수에 SVN_MERGE를 설정해 사용할 병합 도구를 지정할 수 있다.

관련작업

- 8번 작업, 변경 기록 보기
- 17번 작업, 최신 리비전으로 업데이트하기
- 19번 작업, 토터스로 충돌 해결하기
- 20번 작업, 코너스톤으로 충돌 해결하기

19번 작업

토터스로 충돌 해결하기

토터스는 업데이트 도중에 충돌이 발생하면 그 파일들을 기억해 두었다가 업데이트 창에 빨간색으로 표시해준다. 로그의 맨 끝에 충돌이 발생했으니 고쳐야 한다는 메시지가 출력될 것이다. 충돌이 일어난 파일들은 나중에 윈도 탐색기에서 오른쪽 버튼을 클릭한 후 TortoiseSVN 〉 Edit conflicts 메뉴를 선택해 수정하면 되지만 더 편리한 방법은 업데이트 결과 창에서 충돌이 일어난 파일을 더블클릭하는 것이다.

토터스의 TortoiseMerge 창은 세 개 영역으로 나뉜다. 왼쪽 위에는 '다른 사람들'이 저장소에 반영한 수정 사항이 표시된다. 오른쪽 위에는 '자신'이 수정한 파일, 즉 작업 사본의 파일이 보인다. 아래쪽에는 병합 결과가 표시된다.

예제 스크린샷을 보면, 양쪽 모두 mBench가 MongoDB를 테스트한 후에 분석 결과를 출력하는 부분을 수정했음을 알 수 있다. 저장소 버전은 읽기와 쓰기 작업의 수행 횟수를 출력하고, 우리의 버전은 테스트가 종료됐다는 메시지만을 출력한다. 서브버전은 어느 코드가 올바른 것인지 알 수 없으므로 TortoiseMerge에서 병합 결과 쪽에 물음표 세 개(???)를 표시하고 있다. 저장소 버전을 선택하는 편이 좋을 것이므로 왼쪽 상단에서 마우스 오른쪽 버튼을 클릭하고 "Use this text block"을 선택하자. TortoiseMerge는 우리의 선택에 따라 충돌이 일어난 파일을 업데이트하고 결과를 보여줄 것이다.

TortoiseMerge 창 상단에 있는 빨간색 아래위 화살표를 사용하면 다음이나 이전 충돌 부분으로 이동할 수 있다. 모든 충돌을 해결한 다음에는 메뉴 모음의 녹색 아이콘을 클릭해서 해결됐음을 알려주자.

충돌이 발생한 저장소에서 업데이트하기

작업 사본의 루트 디렉터리에서 오른쪽 버튼을 클릭한 후, SVN Update를 선택한다. 충돌이 생기면 토터스가 충돌이 일어난 파일을 빨간색으로 표시하고 경고 메시지를 보여줄 것이다.

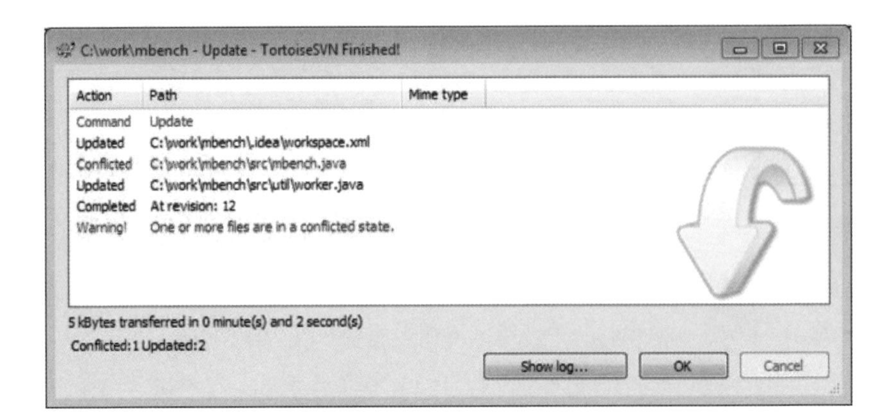

토터스의 TortoiseMerge 도구로 충돌 해결하기

충돌이 일어난 각 파일을 더블 클릭해서 TortoiseMerge를 실행한다.

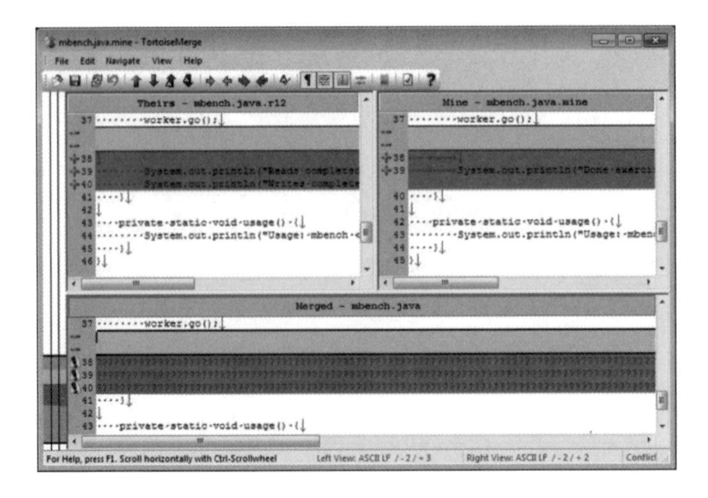

관련작업

- 8번 작업, 변경 기록 보기
- 17번 작업, 최신 리비전으로 업데이트하기
- 18번 작업, 충돌 해결하기

20번 작업

코너스톤으로 충돌 해결하기

코너스톤은 저장소로부터 업데이트를 실행하면서, 혹시 충돌이 일어나지 않는지 감시해준다. 하지만 충돌이 일어나도 대화 상자 등으로 알려주지는 않는다. 작업 사본 브라우저를 Modified 뷰나 Conflicted 뷰로 변경해야만 충돌이 일어난 파일들을 볼 수 있다.

코너스톤의 충돌 해결 전략은 간단하다. 충돌이 일어난 파일을 편집해서 〈〈〈와 〉〉〉 표시가 있는 부분을 수정하면 된다. 이 표시들은 자신의 버전과 저장소 버전이 어떻게 다른지 알려주는데, 이를 참고해 각 충돌 부분에 대해 어떤 코드가 올바른지 결정하고 파일을 수정한다. 이렇게 모든 부분을 수정해 문제가 해결된 후에는 Resolved 버튼을 클릭해서 문제가 해결됐음을 알려준다.

경우에 따라 파일 내의 모든 충돌에 대해 저장소 버전을 사용하거나 아니면 작업 사본 파일을 적용하는 것으로 해결할 수도 있다. 이 경우에는 작업 사본 브라우저에서 파일을 선택한 다음 하단의 도구 막대에서 Resolve 버튼을 누른 채로 잠시만 기다리자. 저장소 버전을 적용하려면 Resolve to Latest in Repository를 누르고, 자신의 버전을 선택하려면 Resolve to My Changes를 선택한다.

업데이트 중에 충돌이 발생한 경우

작업 사본 목록에서 프로젝트를 선택한 후, 도구 막대에서 Update를 클릭한다. Changed를 클릭하면 변경되거나 충돌이 일어난 파일을 보여준다. 빨간색 C 아이콘이 표시된 파일이 충돌이 발생한 파일이다.

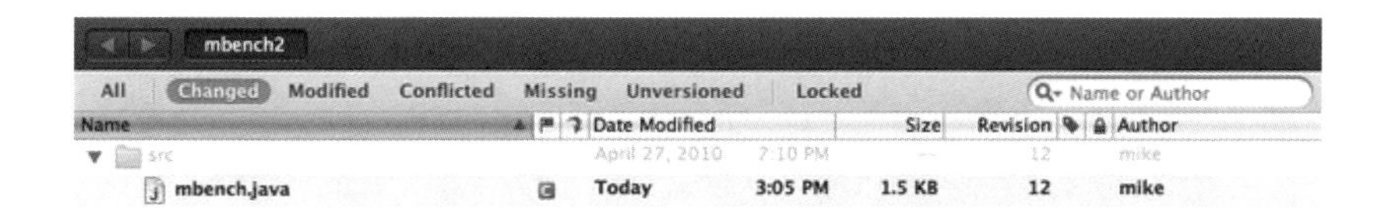

파일을 편집해 충돌 해결하기

충돌이 일어난 파일을 더블 클릭하면 기본 에디터가 실행된다. 파일을 편집해서 서브버전이 표시해둔 충돌 부분을 편집한다.

충돌이 해결됐음을 표시하기

작업 사본 브라우저에서 충돌이 일어난 파일을 선택하고, 하단의 도구 막대에서 Resolved 버튼을 클릭해서 충돌이 해결됐음을 알려준다.

```
mbench.java
mbench.java:1    <No selected symbol>

        System.out.println("Exercising database for " + runTime + " seconds...");
        worker worker = new worker(db, runTime);
        worker.go();
<<<<<<< .mine

    System.out.println("Done exercising database.");
=======

        System.out.println("Reads completed: " + worker.getReadsCompleted());
        System.out.println("Writes completed: " + worker.getWritesCompleted());
>>>>>>> .r12
    }

    private static void usage() {
        System.out.println("Usage: mbench <db host> <# documents> <run time>");
```

관련작업

- 8번 작업, 변경 기록 보기
- 17번 작업, 최신 리비전으로 업데이트하기
- 18번 작업, 충돌 해결하기

4부

변경 기록 활용

Pragmatic Guide to Subversion

서브버전 같은 버전 관리 시스템은 파일들을 안전하게 보관하고 팀원들과의 간단한 협업을 지원하는 기능 이외에도, 더 복잡한 기능들도 제공한다. 서브버전은 저장소에 커밋된 모든 파일의 리비전을 전부 모아 두는데, 이 상세한 기록을 일종의 타임 머신으로 볼 수 있다. 무언가가 잘못되는 경우, 원하는 시점으로 돌아갈 수 있는 것이다.

과거 특정 시점으로 되돌려서 수정할 수 있는 것만이 전부가 아니다. 서브버전의 강력한 변경 기록 기능을 활용하면 파일들이 지금까지 어떤 수정 과정을 거쳐 왔는지 알 수 있다. 프로젝트를 진행하다 보면 어떤 버그가 언제, 어떻게 발생했고, 누가 마지막으로 특정 변경을 했는지, 어떤 기능을 개발하는 데 누가 관여했는지 조사해야 할 때가 있다.

서브버전 변경 기록 기능은 각 리비전의 로그 메시지를 핵심 정보로 활용한다. 물론 로그 메시지를 안 적거나, '버그 수정함' 따위의 간단한 메시지를 적는 이도 있는데, 의미 있는 로그 메시지를 적어야 다른 사람들이 변경 기록을 추적할 때 도움이 될 것이다.

수정 내역은 서브버전이 저장해 주므로 'BP 네트워크 프로토콜 추가' 따위의 로그 메시지는 별로 의미가 없다. 대신 '왜' 수정했는지 알 수 있게 로그 메시지를 쓰는 편이 좋다.

"화성 탐사선과 통신시 일반적인 TCP 네트워킹이 잘 동작하지 않았음. 빛의 속도로 전달되어도 탐사선까지 20분이 소요되는 것이 원인. 추가된 프로토콜은 지연 시간이 긴 네트워크 연결에서도 잘 동작하는 프로토콜임" 같은 내용이 적당할 것이다.

버그를 수정한 것이라면 커밋 메시지에 버그 관리 시스템상의 일련 번호나 코드명을 입력하면 된다. 버그의 세부 사항이나 재현 방법 같은 정보는 반복해 적지 않아도 될 것이다.

4부에서는 다음 내용을 다룬다.

- 저장소의 최근 활동 기록 보기는 「21번 작업, 로그 보기」에서 설명한다.

- 파일의 특정 부분이 현재 상태로 만들어지기까지의 과정을 정확히 추적하는 방법은 「22번 작업, 탐정 놀이와 svn blame」에서 설명한다.
- 저장소에 커밋한 변경 사항을 되돌리고 싶다면, 「23번 작업, 커밋한 리비전 되돌리기」를 보자.

우선 저장소의 최근 기록을 보는 방법에서 시작하자.

21번 작업

로그 보기

팀을 이뤄 프로젝트를 진행하는 중이라면 많은 사람이 파일을 수정하고 커밋할 것이다. 팀 크기나 커밋 빈도에 따라 다르겠지만, 하루에 열 번 이상 커밋이 일어날 수도 있다. 잠시 프로젝트에서 떨어져 있었다거나 매일 하는 작업의 일부로 최근 커밋된 내용이 무엇인지 알아볼 수 있다.

서브버전 로그에는 저장소에 커밋된 모든 변경 사항이 기록되어 있다. 작업 사본 폴더에서 변동 사항 로그를 요청하면 최근 수정 사항부터 표시해준다. 내용이 길어질 수 있으므로 커맨드라인이라면 less 같은 페이징 프로그램으로 보는 것이 좋을 것이다. GUI 클라이언트에서는 최근 100개 정도만 기본으로 보여주고, 더 요청할 수 있다.

서브버전은 작업 사본에 적용된 리비전들에 대해서만 로그 메시지를 출력할 수 있다. 업데이트하지 않은 상태에서는 다른 사람들이 최근에 수정한 내역은 볼 수 없다. 최신 로그 메시지를 보려면 작업 사본을 업데이트해야 한다.

토터스와 코너스톤은 모두 로그 메시지와 수정 내역을 편하게 볼 수 있는 방법을 제공한다. 로그 메시지들 사이를 스크롤하다가 수정된 파일 중 보고 싶은 것을 찾아 그 파일을 클릭하면 리비전이 커밋됐을 때의 정확한 차이점을 볼 수 있다. 처음 로그를 들여다 볼 때, 코너스톤은 다음 요청 때 빨리 보여줄 수 있게 로그를 캐시에 담아둘지를 물어볼 것이다. 인터넷 접속 속도에 따라서 결정하면 된다.

작업 사본이 아닌 저장소에 대해 로그 메시지를 요청할 수도 있다. 커맨드라인에서는 다음 명령을 사용하면 된다.

```
prompt> svn log http://svn.mycompany.com/mbench/trunk
```

토터스에서는 저장소 브라우저(Repo Browser)를 실행한 후 저장소 URL을 입력한 다음, 루트 폴더에서 오른쪽 버튼을 클릭해 Show Log를 선택한다.

코너스톤에서는 저장소 목록에서 저장소를 선택한 다음 Log 버튼을 클릭하면 된다.

작업 사본의 로그 보기

```
prompt> cd ~/work/myproject
prompt> svn log | less
```

토터스로 로그 보기

작업 사본의 루트 디렉터리에서 TortoiseSVN 〉 Show Log를 선택한다. 로그 엔트리 중 아무거나 클릭해보면 해당 리비전에서 수정된 파일들이 표시된다. 여기서 파일을 더블 클릭하면 변경 사항이 표시된다.

코너스톤에서 로그 보기

작업 사본 목록에서 프로젝트를 선택한 후, 하단 도구 막대에서 Log 버튼을 클릭한다. 화면에 리비전 목록과 각각의 리비전에 대한 로그 메시지가 보일 것이다. 삼각형 표시를 클릭하면 해당 리비전에서 수정된 파일 목록이 보이고, 여기서 아무 파일이나 더블 클릭하면 해당 파일의 변경 사항을 볼 수 있다.

관련작업

- 22번 작업, 탐정 놀이와 svn blame
- 23번 작업, 커밋된 리비전 되돌리기

22번 작업

탐정 놀이와 svn blame

프로그래밍을 하다 보면 코드의 특정 부분을 가장 최근에 수정한 사람이 누구인지 알아내야 할 때가 있다. 이해하기 어려운 코드가 보이거나, 물어봐야 할 사항이 있거나, 명백하게 잘못 작성된 코드라서 작성자에게 조언해야 하는 경우를 생각해볼 수 있다.

서브버전 명령 blame을 사용하면 특정 파일의 각 행을 누가 수정했는지 알 수 있다. blame과 같은 기능을 하는 명령어로 praise, annotate, ann이 있다.

서브버전은 blame 명령을 받으면 파일 변경 기록을 뒤져 각 행을 누가 언제 마지막으로 수정했는지 알아낸다. 다음 페이지의 커맨드라인 실행 예제를 보면 mbench.java를 최근 수정한 사람은 mike와 ian이라는 것을 알 수 있다. 서브버전이 출력한 번호는 행 번호가 아니라 그 행이 마지막으로 수정된 리비전 번호다.

서브버전으로 각 행을 누가 언제 수정했는지 알 수 있지만, 그 사람이 '그 코드를 작성한 사람은 아닐' 수도 있다. 무언가를 추가하거나 삭제하면, 즉 공백 문자를 수정한 경우에도 blame 명령은 해당 행에 그 사람의 이름을 출력한다. 어쨌든 아주 작은 수정이라고 해도 어떤 부분을 수정하고 커밋했다면, 관련 코드에 대해 알고 있을 가능성은 있다.

토터스는 스크롤 가능한 형태로 blame 정보를 표시해 준다. 창 왼쪽에 사용자 이름과 리비전 번호가 표시된다. 마우스를 리비전 번호 위로 가져가면 로그 메시지 등 추가 정보를 볼 수 있고, 오른쪽 버튼을 클릭하면 해당 리비전에서 수정된 파일 목록 등 관련된 모든 정보를 볼 수 있다.

이 글을 쓰는 현재 코너스톤에는 아쉽게도 blame 기능이 없으므로 커맨드라인 클라이언트를 사용해야 한다.

커맨드라인 클라이언트로 blame 정보 보기

```
mbench> svn blame src/mbench.java
11     mike import com.mongodb.Mongo;
 :       :          :
 6     mike public class mbench {
11     mike   public static void main(String[] args) {
11     mike     if (args.length != 3) {
 6     mike       usage();
 7     mike       return;
 6     mike     }
 :       :        :
11     mike     worker worker = new worker(db, runTime);
11     mike     worker.go();
12     mike
14      ian     long readsPerSec = worker.getReads() / runTime;
14      ian     long writesPerSec = worker.getWrites() / runTime;
14      ian     System.out.println("Reads/sec: " + readsPerSec);
14      ian     System.out.println("Writes/sec: " + writesPerSec);
 6     mike   }
```

토터스로 blame 정보 보기

윈도 탐색기에서 작업 사본의 루트 디렉터리로 이동한 후, 파일에 오른쪽 버튼을 클릭하고 TortoiseSVN 〉 Blame....을 선택한다. 기본 설정 상태에서 OK 버튼을 클릭한다. 파일의 초기 버전부터 blame 정보가 보일 것이다.

관련작업

- 8번 작업, 변경 기록 보기
- 21번 작업, 로그 보기

23번 작업

커밋된 리비전 되돌리기

저장소에 커밋을 했는데 수정 사항을 되돌리고 싶을 때가 있다. 버그를 고치려 했지만 오히려 새로운 버그를 만들어버렸음을 알아차렸다면 커밋을 취소하고 싶을 것이다. 소프트웨어 요구 사항이 수정되는 바람에 커밋에 반영한 내용이 필요 없어지는 경우도 있다. 이유가 무엇이든 서브버전의 변경 기록 추적 기능을 이용하면 수정 사항을 취소하고 과거의 리비전으로 돌아갈 수 있다.

서브버전은 저장소에서 변경 기록을 삭제하는 기능을 제공하지 않는다. 수정 사항들을 추가하는 것만 가능하다. 오래된 리비전으로 되돌리려면 그 리비전 이후에 수행된 모든 수정 사항을 역으로 적용한 후, 그 결과물을 새 버전으로 커밋해야 한다. 이 과정을 '역 병합(reverse merge)'이라고 부른다.

되돌아갈 버전은 서브버전의 변경 기록을 사용해서 찾을 수 있다. 역 병합을 하고 나면 지정된 리비전 이후의 수정 사항은 모두 취소된 상태가 될 것이다. 커밋하기 전까지는 저장소에는 아무 영향도 미치지 않는다. 저장소에 반영하기 전에 잘 동작하는지 테스트해야 한다. 일반적인 병합과 같이 역 병합에서도 충돌이 발생할 수 있다. 「18번 작업, 충돌 해결하기」를 참고해 해결하면 된다.

전체 리비전이 아닌 커밋된 리비전 중 일부 파일만 되돌리고 싶다면, 서브버전이 역 병합을 끝낸 후 해당 파일들만 다시 수정 중이던 상태로 되돌리면 된다. 되돌려진 파일을 다시 되돌리면 원래 출발했던 상태가 될 것이다.

특정 디렉터리의 변경 사항만을 취소하기는 더 쉽다. 커맨드라인 클라이언트에서 해당 디렉터리로 이동한 다음 revert 명령을 실행하면 된다. 토터스를 사용 중이라면 되돌리고 싶은 파일이 들어 있는 폴더에서 오른쪽 버튼을 클릭한 후 로그를 사용해 리비전을 찾아내서 되돌리면 된다.

취소하려는 변경 사항이 최근 리비전일 수도 있지만, 과거 수정 사항을 취소하고 싶을 수도 있다. 코드가 얼마나 자주 수정되는지에 따라 다르겠지만, 문제의 수정 부분은 커밋된 이후에도 수정됐을 가능성이 있다. 커밋하기 전에 반드시 빌드해보고 잘 동작하는지 확인하자.

코너스톤으로 리비전을 되돌린다면 커맨드라인이나 토터스와는 조금 다르게 동작한다는 점을 알아두자. 특정 리비전으로 되돌리면 코너스톤에서는 해당 리비전 이후에 반영된 수정 사항을 전부 취소(undo)한다. 유용할 수도 있지만 커맨드라인에 비해 덜 정밀한 방식이다.

커맨드라인 클라이언트으로 리비전 되돌리기

```
mbench> svn merge -r 14:13 .
--- Reverse-merging r14 into '.':
G    .idea/workspace.xml
U    src/mbench.java
prompt> svn commit -m "Reverted revision 14"
```

토터스로 되돌리기

윈도 탐색기에서 작업 사본의 루트 폴더에 오른쪽 클릭한 후 TortoiseSVN 〉 Show Log를 선택한다. 되돌리고 싶은 리비전을 오른쪽 클릭한 후 Revert changes from this revision을 선택하면 토터스가 수정 사항을 역으로 병합한다.

빌드를 수행해보고 모든 것이 제대로 돌아가는지 확인한 후, 저장소에 수정 사항을 커밋한다.

코너스톤으로 리비전 되돌리기

작업 사본 브라우저에서 되돌리고 싶은 파일을 선택한 후 코너스톤 메뉴에서 Working Copy 〉 Revert...를 클릭한다.

리비전 번호를 입력하거나 되돌리고 싶은 리비전을 선택한 후, Revert를 클릭하면 해당 파일이 선택한 리비전으로 되돌아간다.

빌드를 수행해보고 모든 것이 제대로 돌아가는지 확인한 후 저장소에 커밋한다.

관련작업

- 15번 작업, 작업 사본의 수정 사항 되돌리기
- 21번 작업, 로그 보기
- 18번 작업, 충돌 해결하기

5부

브랜치, 병합, 태그

소프트웨어 개발 프로젝트가 단순하고 쉽게 진행되는 경우는 거의 없다. 개발팀은 소프트웨어를 개발하고, 안정화해 제품으로 만들고, 출시된 후에는 사후 지원도 해야 한다. 이런 작업에도 서브버전을 적용해서 협업을 원활하게 도와줄 수 있다. 5부에서는 제품 출시와 사후 지원에 관련된 기능을 설명한다.

보통 소프트웨어 출시를 준비할 때는 제품의 품질에 집중하고 싶어 한다. 새 기능을 추가하기보다 버그를 수정하고 성능을 개선해야 한다. 하지만 기능 개발을 병행해야 하는 경우도 있다. 이때는 팀을 나눠 몇몇 개발자가 출시를 위한 코드 안정화 작업을 하는 동안 나머지 팀원들은 평소처럼 계속 개발을 진행하면 될 것이다.

이때 안정화 작업과 기능 추가 작업을 같은 코드 기반에서 수행할 수는 없다. 새로운 기능을 추가하다 보면 소프트웨어가 불안정해질 수밖에 없고, 이것은 제품을 출시하려는 상황에서는 절대로 있어서는 안 되는 일이다. 이런 상황에 대한 해결책이 브랜치이다. 코드를 안정화하고 버그를 잡기 위한 브랜치를 만들고, 트렁크에서는 계속 새 기능 추가를 진행하면 된다. 트렁크와 브랜치의 개념을 다음 그림으로 나타냈다.

우선은 브랜치를 생성해보자. 브랜치에는 이름을 주어야 하며, 서브버전 저장소의 branches 디렉터리 아래에 저장된다. 시작 단계에서는 브랜치와 트렁크의 내용이 같지만, 생성된 다음에는 독립적으로 수정 작업을 진행할 수 있다. 한 팀

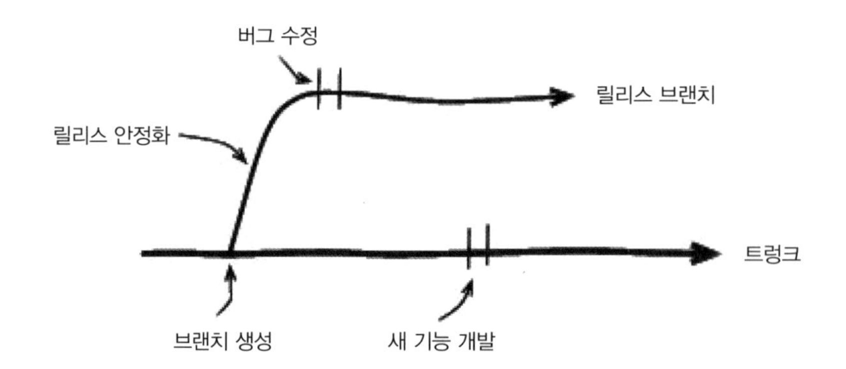

은 브랜치에서 버그 수정이나 안정화 작업을 하고, 또 다른 팀은 트렁크에서 새 기능을 추가할 수 있다. 수정 사항이 상대방의 작업에 문제를 일으키는 일은 일어나지 않는다. 서로 다른 브랜치에서 작업하기 때문이다.

릴리스 브랜치의 버그 수정이나 개선 사항을 트렁크에 반영하고 싶을 수 있다. 이때 사용할 수 있는 유용한 기능들이 있다. 서브버전은 브랜치가 단순한 작업 사본은 아니라는 것을 알고 있기 때문에, 브랜치와 트렁크의 공통 조상을 기억해 두었다가 병합 작업이 더 쉽게 자동으로 이루어질 수 있도록 도와준다. 그림의 점선은 릴리스 브랜치에서 트렁크로 수정 사항들이 병합되는 과정을 표시한다.

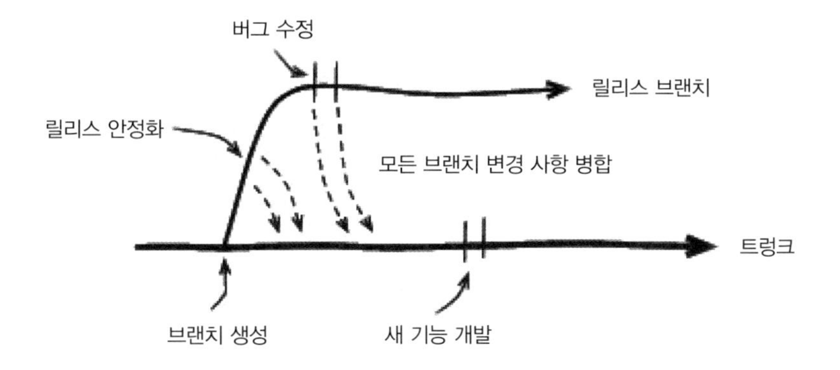

앞의 그림은 표준적인 릴리스 브랜치 전략을 보여주는데 수많은 병합을 필요로 한다. 브랜치의 변경 사항이 트렁크 쪽에 계속 병합되어야 하기 때문이다. 실무에서는 병합 횟수를 줄이는 편이 일도 적어지고, 병합해야 될 파일을 '잊는' 실수도 예방할 수 있다. 브랜치 전략을 변경하면 병합을 줄일 수 있다. 브랜치를 만들기 전에 먼저 안정화 작업을 하고 나서 버그를 트렁크 쪽에서 수정하면서 이를 브랜치에 병합하는 방식이다. 브랜치 그림은 다음 쪽 그림과 같다.

브랜치나 병합에 대해 잘 알고 있고 자신만의 전략도 구축된 상태라면 그 방식을 사용하면 된다. 다만 팀원들이 어디에서 수정하고 어디로 병합하는지를 이해하고 있는지 확인해야 한다. 주의해 작업하지 않으면 작업한 내용을 '잃을 수'

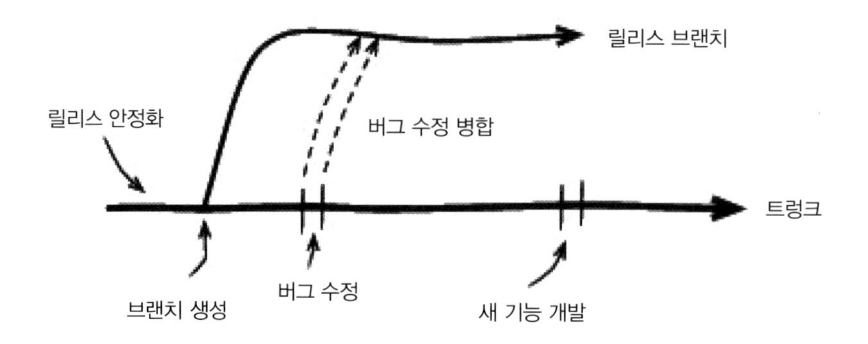

도 있다. 예를 들어 릴리스 브랜치에서 버그를 고쳤는데 트렁크에 병합하는 것을 잊었다면 트렁크에는 여전히 그 버그가 남아 있게 된다. QA 팀에서는 예전에 고쳐졌던 버그가 이후 버전에서 다시 살아나는 황당한 경험을 하게 될 수도 있다.

언급할 만한 또 다른 전략으로는 기능 추가용 브랜치(feature branch) 방식이 있다. 기능을 추가하는 데 기간이 오래 걸린다든지, 코드의 안정성을 해칠 수 있다고 판단될 때 유용하다. 트렁크에서 기능을 개발하는 대신 기능 추가용 브랜치를 만들어 기능 추가에 집중하고, 나머지 개발 작업은 평소처럼 트렁크에서 계속하는 방식이다. 이 방식을 사용할 때는 트렁크의 수정 사항을 기능 추가 브랜치 쪽으로 자주 가져와야 한다. 가급적 매일 가져와서 브랜치가 트렁크의 내용을 '바짝' 쫓아가도록 해야 한다. 여기서 트렁크의 수정 사항을 브랜치에 적용하는 것을 리베이스(rebase)라고 한다(다음 쪽 그림 참조). 기능 추가가 완료되면 추가된 기능을 트렁크에 병합하면 된다.

사용자가 소프트웨어를 사용하다가 문제를 보고했다면, 문제를 분석하고 고치기 위해서 정확히 어떤 코드를 사용했는지 파악하는 일이 중요하다. 릴리스 브랜치에서 소프트웨어를 만들고 고객에게 배포했을 테지만, 브랜치의 내용도 시간에 따라 수정됐을 가능성이 있으므로 릴리스 시점의 소스 코드를 저장해두는 기능이 필요하다. 이때 태그를 사용한다. 태그를 이용하면 릴리스에 사용된 코드에 2.0.3 따위의 이름을 붙여 저장할 수 있다. 태그를 만들려면 릴리스

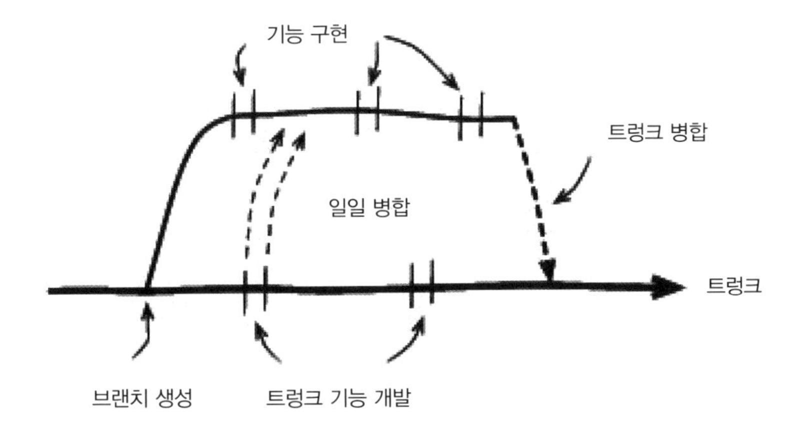

브랜치 등의 파일들을 저장소의 tags 디렉터리 아래에 복사해야 한다. 대개는 태그의 이름도 소프트웨어에 저장되므로 버전 번호로 사용할 수 있다. 따라서 사용자가 실행 중인 버전을 알아내면 태그에 저장된 코드를 받아서 똑같은 버전을 만들어낼 수 있다.

다음은 릴리스 브랜치에서 R-1.0.0과 R-1.0.1이라는 태그 두 개가 만들어지는 모습을 나타냈다.

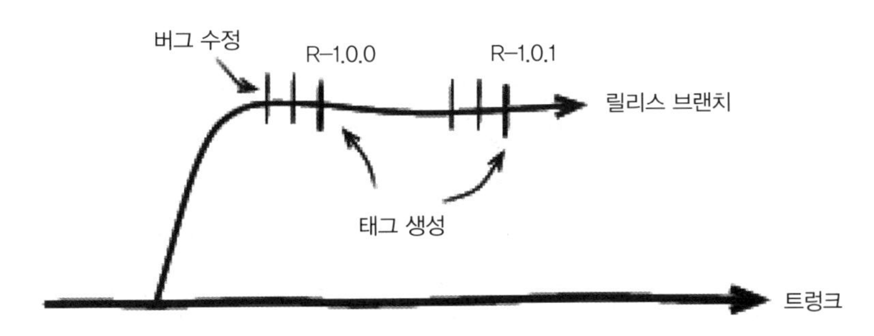

5부에서는 다음 내용을 다룬다.

- 「24번 작업, 브랜치 생성하기」에서 릴리스 브랜치를 만들어본다.
- 트렁크로부터 만들어진 작업 사본을 다른 브랜치로 전환하는 작업은 「25번 작업, 브랜치 전환하기」에서 설명한다.

- 「26번 작업, 트렁크의 수정 사항 브랜치에 병합하기」에서 버그 수정 등의 변경 사항을 브랜치에 병합하는 방법을 설명한다.
- 트렁크와 브랜치를 동기화하기 위해 계속해서 병합하는 방법을 「27번 작업, 변경 사항 추적하기」에서 설명한다.
- 태그에 관한 상세한 설명은 「28번 작업, 릴리스용 태그 만들기」에서 한다.

릴리스용 브랜치 만들기부터 시작하자.

24번 작업

브랜치 생성하기

서브버전의 브랜치는 트렁크의 내용을 기반으로 생성되고 저장소의 branches 디렉터리에 저장된다. branches 디렉터리는 trunk 디렉터리와 같은 레벨에 생성되며, 관련 사항은 「5번 작업, 새 프로젝트 생성하기」를 참고하자. 이러한 디렉터리 구성은 서브버전의 관례일 뿐이니 반드시 따라야 하는 것은 아니지만, 관례를 따르는 편이 다른 사람들과 일하기에 더 편할 것이다.

브랜치를 만들려면 서브버전의 copy 명령으로 트렁크의 파일들을 새 위치로 복사하면 된다. 이때 반드시 저장소 URL을 사용해야 한다. 작업 사본의 파일들을 기준으로 브랜치를 만들 수도 있지만, 저장소 URL을 사용하는 편이 훨씬 빠르다. 작업 사본에 리비전이 섞여 있다면(작업 사본의 모든 파일이 같은 리비전이 아닐 수 있다) 서브버전은 우직하게 섞인 리비전을 브랜치에 복사하는데 이런 결과를 바라지는 않을 것이다.

브랜치 이름에는 공백 문자나 강세 기호가 달린 문자를 비롯해 디렉터리 이름에 사용할 수 있는 모든 문자를 다 쓸 수 있다. 하지만 알파벳과 숫자만 사용하기를 권장한다. 브랜치 작명 규칙을 정해두는 것도 좋은 생각이다. 우리는 'RB'로 릴리스 브랜치를 나타내고 그 뒤에 브랜치 버전 번호를 붙인다. release/1.0 같은 식으로 브랜치를 정리할 수도 있다.

브랜치를 생성하고 나면 그 작업 사본을 만들어 낼 수 있다. 어느 브랜치에 대응하는지 기억하기 쉽도록 작업 사본 폴더의 이름을 지정하기 바란다. 이 책의 예제에서 트렁크의 작업 사본은 mbench라고 했으며, 릴리스용 브랜치의 작업 사본은 mbench-1.0 로 체크아웃했다.

릴리스용 브랜치 생성하기

```
prompt> svn copy -m "Create 1.0 release branch" \
             http://svn.mycompany.com/mbench/trunk \
          http://svn.mycompany.com/mbench/branches/RB_1.0
```

새 디렉터리로 브랜치 작업 사본 체크아웃하기

```
prompt> cd ~/work
prompt> svn checkout \
        http://svn.mycompany.com/mbench/branches/RB_1.0 \
        mbench-1.0
```

토터스로 브랜치 만들기

윈도 탐색기에서 작업 사본의 루트 디렉터리를 오른쪽 클릭한 후 TortoiseSVN 〉 Branch/tag....를 선택한다.

To URL을 편집하고 trunk를 branches/RB_1.0 같은 식으로 수정한 후 OK를 클릭한다.

로그 메시지를 적고, OK를 클릭하면 브랜치가 만들어진다.

코너스톤으로 브랜치 만들기

목록에서 저장소를 선택하고 trunk 디렉터리로 이동한다.

옵션 키를 누른 채로 trunk 디렉터리를 branches 디렉터리로 드래그한다. 마우스 포인터가 녹색 더하기(+) 아이콘으로 변해서 복사를 시작함을 표시할 것이다.

브랜치 이름을 적고 Copy를 클릭하고 나서 로그 메시지를 입력한다. Continue를 클릭해 브랜치를 만든다.

관련작업

- 7번 작업, 작업 사본으로 체크아웃하기
- 25번 작업, 브랜치 전환하기
- 26번 작업, 트렁크의 수정 사항 브랜치에 반영하기

25번 작업

브랜치 전환하기

브랜치를 생성한 후에는 트렁크의 변경 사항과 브랜치의 변경 사항이 별도로 분리된다. 브랜치의 파일을 수정하려면 트렁크가 아닌 브랜치에 대응하는 작업 사본을 만들어야 된다.

브랜치를 위한 작업 사본을 만드는 가장 쉬운 방법은 브랜치 URL로 새 작업 사본을 체크아웃하는 것이다. 이렇게 생성된 작업 사본은 브랜치용 작업 사본이 된다. 하지만 파일이 많아서 체크아웃에 시간이 걸리거나 애플리케이션 서버나 데이터베이스 설정 등에 경로를 지정해야 하는 상황에서는 작업 사본을 여러 개 두기가 쉽지 않을 때도 있다.

이때 스위치(switch)를 사용하면 현재의 작업 사본을 원하는 브랜치에 대응하도록 만들 수 있다. 이 명령은 현재 작업 사본의 파일 버전을 분석한 다음 지정된 브랜치의 수정 사항이 반영될 수 있도록 병합을 진행한다. 오류가 발생하지 않았다면 브랜치를 체크아웃했을 때와 똑같은 폴더가 만들어진다.

브랜치 사이를 왔다 갔다 하다 보면 작업 사본이 어디에 대응하는지 기억나지 않을 수도 있다. 이때는 svn info 명령으로 정보를 확인하자. 토터스에서는 오른쪽 버튼을 클릭한 후에 TortoiseSVN 〉 Repo-browser를 선택하면 작업 사본이 어느 저장소를 가리키는지 알 수 있다.

가끔 작업 사본에서 버그 수정 등의 작업을 했는데, 엉뚱한 브랜치에서 했음을 알게 되는 경우도 있다. 그런 경우에도 문제는 없다. 브랜치를 스위치할 때 현재 작업 사본의 수정 사항이 그대로 보존되므로 올바른 브랜치로 스위치한 후 변경 사항을 커밋하면 된다.

하나의 작업 사본에서 스위치를 반복하다 보면 지금 어디에서 작업하는지 헷갈리기 쉽다. 가급적 브랜치별로 작업 폴더를 생성해 작업하고 스위치는 피하는 것을 추천한다.

코너스톤은 작업 사본의 브랜치 스위치 기능을 지원을 지원하지 않는다. 브랜치마다 작업 사본을 생성해 작업해야 한다.

브랜치 스위치하기

```
prompt> cd work/mbench
mbench> svn switch http://svn.mycompany.com/mbench/branches/
RB_1.0
```

토터스로 브랜치 스위치하기

윈도 탐색기에서 작업 사본의 루트 디렉터리로 이동한다. 마우스 오른쪽 버튼을 클릭하고 TortoiseSVN 〉 Switch....를 선택한다.

스위치할 브랜치를 To URL에 적거나 '...' 버튼을 클릭해 저장소 브라우저를 띄운 후 브랜치를 선택한 다음, OK를 클릭해 스위치를 수행한다.

관련작업

- 24번 작업, 브랜치 생성하기
- 26번 작업, 트렁크의 수정 사항 브랜치에 반영하기

26번 작업

트렁크의 수정 사항 브랜치에 반영하기

릴리스 안정화 작업을 할 때는, 트렁크 쪽에서 버그를 수정한 다음 그 내용을 브랜치 쪽에 병합하는 것이 좋다. 반대로 작업한다면 수정 사항을 트렁크에 병합하는 것을 잊어버릴 수도 있고, 다음 릴리스에서 버그가 살아나는 일이 발생할 수도 있다.

먼저 트렁크에서 버그를 고치고 체크인한 다음 리비전 번호를 기억해 두자. 그리고 브랜치 작업 사본에서 트렁크의 해당 리비전을 병합한다. 대개는 충돌 없이 자동으로 병합될 것이다. 이 경우의 병합은 업데이트와 비슷하게 동작한다. 브랜치는 마치 업데이트가 필요한 오래된 작업 사본이라서 트렁크의 최신판과 병합하는 것으로 생각할 수 있다. 하지만 트렁크와 브랜치의 사이가 너무 많이 벌어졌다면 충돌이 일어날 수 있다. 「18번 작업, 충돌 해결하기」를 참고해서 해결하자.

병합을 마친 후에는 빌드를 해봐서 망가진 것이 없는지 확인해야 한다. 수정 사항이 잘 동작하는지, 버그가 브랜치 버전에서 더는 존재하지 않는지 확인하는 것이 좋다. 이제 소스를 체크인하면 병합 작업이 완료된다.

체크인할 때는 병합된 리비전 번호나 수정된 버그 번호 등을 로그 메시지에 적어 두는 것이 좋다. 그 추가 정보는 다른 팀원들이 나중에 잡아야 할 버그가 없는지 알아볼 때 도움이 될 것이다.

토터스는 리비전을 찾고 병합하기 쉽게 GUI 도구를 제공하므로 리비전 번호를 기억한다든지 하는 일은 하지 않아도 된다. 코너스톤은 브랜치 병합 기능을 제공하지 않아서 맥 사용자는 커맨드라인 클라이언트로 작업해야 한다.

하나의 리비전을 브랜치에 병합하기

```
prompt> cd work/mbench-1.0
mbench-1.0> svn merge -c 16 http://svn.mycompany.com/mbench/trunk
mbench-1.0> svn commit -m "Merged r16 (fix bug-7) from the trunk"
```

리비전 여러 개를 브랜치에 병합하기

```
prompt> cd work/mbench-1.0
mbench-1.0> svn merge -r 19:22 http://svn.mycompany.com/mbench/
trunk
mbench-1.0> svn commit -m \
                "Merged r19-22 from the trunk (fix bugs 9 and 11)"
```

토터스로 병합하기

브랜치 작업 사본의 루트 디렉터리에서 오른쪽 버튼을 클릭한 후 TortoiseSVN 〉 Merge.... 를 선택한다.

병합 형태로 'Merge a range of revisions'를 선택하고 Next를 클릭한다.

'URL to merge from'에 프로젝트 트렁크 URL을 입력하거나, '...' 버튼을 클릭해 저장소 브라우저에서 트렁크를 지정한다.

병합할 리비전 번호를 입력해도 되고, Show log 버튼을 눌러서 로그 중에서 리비전 번호를 선택해도 된다.

Next를 클릭해서 병합 옵션 설정 화면으로 진행한 다음 기본 세팅을 그대로 두고 'Merge' 버튼을 클릭한다.

병합된 리비전 번호 등을 로그 메시지에 적고 체크인한다.

관련작업

- 24번 작업, 브랜치 생성하기
- 25번 작업, 브랜치 전환하기

27번 작업

변경 사항 추적하기

트렁크에서 작업하는 개발자에게 지장을 줄 수 있는 주요한 변경 작업이 필요할 때가 있다. 이런 때에는 '기능 추가 브랜치'에서 작업을 진행하고 완료된 후에 트렁크에 병합하고 해당 브랜치를 삭제하는 방식으로 안전하게 작업할 수 있다.

기능 추가 작업이 길어진다면 트렁크와 기능 추가 브랜치가 멀어질 수 있고, '트렁크에 병합'하기가 어려워진다. 브랜치 쪽 개발자들은 주기적으로 트렁크의 수정 사항을 가져옴으로써 이런 위험을 줄여야 한다. 이렇게 트렁크의 최신 수정 사항을 브랜치 쪽에 적용하는 것을 리베이스(rebase)라고 한다. 서브버전의 병합 추적 기능을 사용하면 트렁크의 수정 사항 중에 아직 병합되지 않은 것들을 자동으로 병합해준다. 이 기능은 원할 때마다 여러 번 실행해도 된다.

다음 페이지의 예제에서 우리 소프트웨어에 국제화 기능을 넣기 위해 DEV_i18n이라는 브랜치를 만들 것이다. 예제에서는 트렁크의 작업 사본인 mbench와 기능 추가용 브랜치의 작업 사본인 mbench_i18n이 사용된다. 국제화 구현에는 기간이 많이 필요할 것이다. 최소한 일주일에 한 번씩은 트렁크와 재통합하는 것이 좋다. 서브버전의 reintegrate 명령을 사용하면 트렁크의 수정 사항 중 아직 기능 추가 브랜치에 병합되지 않은 것을 찾아서 브랜치에 적용해 준다.

기능 추가 브랜치에서 작업이 끝나면, 트렁크로 병합해야 한다. 서브버전이 브랜치 쪽 수정 사항을 찾아내 트렁크 쪽에 적용할 것이다. 트렁크에서 브랜치 쪽으로 반영된 수정 사항은 알아서 제외한다. reintegrate 명령을 사용해서 트렁크의 수정 사항을 꾸준히 브랜치에 적용해 왔다면 병합은 쉽게 이루어질 것이다.

이 기능은 서브버전 1.6 이후에서만 지원된다.[10] 구 버전을 사용하는 경우에는

10 1.5에서 처음 구현됐지만 1.6에서 상당한 개선과 버그 수정이 더해졌다. 제대로 쓰려면 1.6 이상을 쓰자.

수동으로 브랜치와 트렁크 사이의 수정 사항을 병합해 둘 사이의 차이를 최소한으로 유지해야 한다. 또한 파일 이름 변경이나 삭제 등에 대해서는 서브버전이 리베이스 작업을 하기 힘들 수 있으므로, 리팩토링을 많이 하는 팀이라면 기능 추가 브랜치에서 작업하는 동안에는 이름 변경이나 삭제 등은 피해달라고 요청해두자.

트렁크의 수정 사항을 기능 추가 브랜치에 병합하기

```
prompt> cd work/mbench_i18n
mbench_18n> svn update
mbench_18n> svn merge --reintegrate \
                http://svn.mycompany.com/mbench/trunk
mbench_18n> svn commit -m “Merged all pending trunk changes”
```

브랜치에서 기능 추가 완료 후 트렁크에 병합하기

```
prompt> cd work/mbench
mbench> svn update
mbench> svn merge --reintegrate \
       http://svn.mycompany.com/mbench/branches/DEV_i18n
mbench> svn commit -m "Merged feature branch DEV_i18n"
```

토터스로 트렁크의 수정 사항을 기능 추가 브랜치에 병합하기

작업 사본의 루트 디렉터리에서 오른쪽 버튼을 클릭한 후 TortoiseSVN 〉 Merge....를 선택한다.

병합 유형으로 “Reintegrate a branch”를 선택하고 Next를 클릭한다.

“from URL” 대화 상자에 프로젝트 트렁크의 URL을 입력한다.

Next를 클릭해 병합 옵션 화면으로 넘어간 후 설정 값들을 그대로 두고 ‘Merge’ 버튼을 클릭해 병합을 마무리한다.

토터스로 작업이 완료된 기능 추가 브랜치를 트렁크에 병합하기

작업 사본의 루트 디렉터리에서 오른쪽 버튼을 클릭한 후, TortoiseSVN 〉 Merge....를 선택한다.

병합 유형으로 Reintegrate a branch를 선택하고 Next를 클릭한다.

"from URL" 대화 상자에 기능 추가 브랜치의 URL을 입력한다.

Next를 클릭해 병합 옵션 화면으로 넘어간 후 설정 값들을 그대로 두고 'Merge' 버튼을 클릭해 병합을 마무리한다.

관련작업

- 24번 작업, 브랜치 생성하기
- 25번 작업, 브랜치 전환하기
- 26번 작업, 트렁크의 수정 사항 브랜치에 반영하기

28번 작업

릴리스용 태그 만들기

사용자에게 전달하기 위해 소프트웨어를 빌드할 때는, 어떤 소스 코드가 쓰였는지 정확히 아는 것이 중요하다. 서브버전의 태그를 이용해 어떤 리비전이 빌드에 쓰였는지 기록할 수 있다.

소프트웨어를 컴파일하는 것은 개발 과정의 일부다. 개발자 한 명이 수동으로 빌드하는 것이 일반적이지만, 그 과정 역시 자동화할 수 있다. 개발자가 저장소에 커밋할 때마다 빌드 서버가 소프트웨어를 빌드하도록 할 수도 있다. 어느 경우든지 소프트웨어를 빌드하고 빌드 번호를 부여하는 과정이 필요하다.

우선 서브버전의 copy 명령으로 작업 사본의 파일들을 tags 디렉터리 아래 새 디렉터리로 복사하는 것이 일반적이지만, 릴리스 태그는 빌드에 사용된 작업 사본에서 생성하는 것이 좋다. 저장소의 최신(HEAD) 리비전에서 생성하면 최근에 체크인한 다른 팀원의 수정 사항들 때문에 문제가 생길 수도 있다. 태그를 작업 사본에서 만들어내도록 해서 빌드에 사용된 바로 그 소스가 태그에 저장되도록 하자. 자동화된 빌드 서버에서 릴리스가 생성되는 경우에도 빌드 서버에 있는 작업 사본으로 태그를 생성해야 한다. 빌드 서버 작업의 일부로 태그 생성을 추가할 수도 있을 것이다.

코너스톤은 작업 사본에서 태그를 생성하는 것을 지원하지 않으므로 릴리스용 태그를 만들 때 주의해야 한다. 우선 로그 브라우저를 이용해 특정 리비전에 대응하도록 작업 사본을 업데이트하고, 빌드를 수행한 다음 그 리비전으로 태그를 만들어야 한다.

태그는 브랜치와 마찬가지로 저장소에 파일을 복사해 만들어진다. 따라서 이론적으로는 태그에 대해서도 파일을 수정하거나 커밋할 수 있다. 하지만 태그의 파일들도 수정할 수 있다면, 특정 빌드에 사용된 파일들을 가리킨다는 본래 목적을 잃게 된다. 태그는 '읽기 전용'으로 하는 것이 관례다. 개발자들은 태그에 대해서는 커밋하지 말아야 하고, 관리자가 저장소에서 훅(hook) 스크립트를 써서 막을 수도 있다. 「42번 작업, 저장소 훅 스크립트 사용하기」에 tags 디렉터리를 읽기 전용으로 만드는 예제가 있다.

작업 사본에서 릴리스 태그 만들기

```
prompt> cd work/mbench-1.0
mbench-1.0> svn update
mbench-1.0> svn copy . \
        http://svn.mycompany.com/mbench/tags/REL_1.0.0 \
           -m "Create R1.0.0 tag"
```

토터스로 릴리스 태그 만들기

작업 사본의 루트 디렉터리에서 오른쪽 버튼을 클릭한 후, TortoiseSVN 〉 Branch/tag....를 선택한다.

'...' 버튼을 클릭하고 저장소 브라우저에서 프로젝트의 tags 디렉터리를 선택하고 OK를 클릭한 후 URL을 수정해 tags/REL_1.0.0처럼 원하는 이름을 입력한다.

태그로 만들어질 리비전이나 작업 사본을 선택한다. 로그 메시지를 입력하고 OK를 클릭해 태그 생성을 마친다.

코너스톤으로 릴리스용 태그 만들기

저장소 목록에서 저장소를 선택하고, 저장소 브라우저로 릴리스 브랜치를 찾는다. 옵션 키를 누르고 브랜치 폴더를 tags 디렉터리로 끌고 간 다음(커서가 녹색 더하기 아이콘이 되면서 복사된다는 것을 알려준다) 마우스 버튼을 놓는다.

REL_1.0.0 같은 태그 이름을 입력하고, Copy를 클릭한다. 로그 메시지를 입력하고 나서 Continue를 클릭해 태그를 생성한다.

관련작업

- 7번 작업, 작업 사본으로 체크아웃하기
- 24번 작업, 브랜치 생성하기

6부

파일 잠그기

Pragmatic Guide to Subversion

서브버전은 중앙 저장소를 통해 파일을 공유하게 해서 팀원들의 협동 작업을 도와준다. 누구든지 작업 사본의 파일을 편집할 수 있고, 두 사람이 같은 파일을 동시에 수정해도 나중에 병합할 수 있다. 서브버전은 두 사람이 똑같은 파일을 동시에 수정하는 경우는 거의 없을 것이라고 가정하는데, 이것을 낙관적 잠금이라고 한다. 따라서 누구나 편집할 수 있게 하고, 어쩌다 충돌이 발생할 때 처리할 수 있는 도구들을 제공한다.

다른 버전 제어 도구를 사용해왔다면 비관적 잠금이란 개념에 익숙할 것이다. 이 방식에서는 파일을 수정하기 전에 반드시 수정할 파일을 잠가야만 한다. 그리고 수정이 완료되면 커밋하고 잠금을 풀어주는 식이다. 비관적 잠금은 두 명 이상의 작업이 충돌하는 경우를 방지하지만 그 대가가 너무 크다. 한 파일을 한 번에 한 명씩만 수정할 수 있다는 점이 문제다. 개발팀에게는 장애물과 같은 것이다. 팀원들이 종일 서로 누가 파일을 잠글지 협의하고 "다 됐어?"라고 물어보면서 기다려야 한다. 특히 누군가 파일을 잠근 채로 일찍 퇴근해 버렸다면, 나머지 팀원들은 그 사람이 출근하기 전까지 아무 일도 할 수 없게 된다.

서브버전의 '복사, 수정, 병합' 방식 덕에 개발이 더 자유로워졌다. 내부 병합 도구가 자동으로 병합 작업을 대신해준다. 이 병합 기능은 소스 코드나 XML, SQL 등 텍스트로 이루어진 파일들에는 잘 통하지만, 스프레드시트나 워드 프로세서 문서, 이미지나 동영상 등 바이너리 파일에는 제대로 작동하지 않는다. 이런 종류의 파일들에 대해서는 비관적 잠금을 사용해 병합 동작이 일어나지 않도록 해야 한다.

서브버전의 파일 잠금 기능을 이용하면 특정 파일을 수정하기 전에 반드시 잠그도록 강제할 수 있다. 서브버전은 그 파일들을 작업 사본에서 읽기 전용 파일로 체크아웃한다. 좋은 편집 도구들은 읽기 전용 파일을 감지하고 수정하기 전에 먼저 잠가야 한다는 사실을 기억나게 해줄 것이다. 파일을 잠그고 수정한 후에 커밋하면 자동으로 잠금도 풀어진다. 권한이 있는 사람에게는 강제로 잠금을 풀 수 있는 기능을 제공하므로 "김 대리가 파일을 잠근 채로 휴가 갔어요"

같은 문제를 해결할 수도 있다.

6부에서는 다음 내용을 다룬다.

- 특정 파일을 잠그려면 「29번 작업, 파일 잠금 기능」을 설정해야 한다.
- 잠금 기능이 설정된 파일을 수정하려면 우선 파일을 잠가야 한다. 「30번 작업, 파일 잠그기」에서 관련 기능을 설명한다.
- 「31번 작업, 잠금 해제하기」에서 잠금 해제 방법과 해제가 필요한 시점을 설명한다.
- 상황에 따라 다른 사람이 이미 잠근 파일을 강제로 잠금을 풀어야 할 때가 있다. 「32번 작업, 다른 사람의 잠금 해제하기」에서 방법을 설명하고 어떤 때에 사용해야 하는지도 이야기한다.

그럼 파일을 지정해서 잠금 기능을 사용할 수 있게 하는 방법부터 알아보자.

29번 작업

파일 잠금 기능

서브버전의 파일 잠금 기능은 저장소의 어떤 파일에든지 적용할 수 있으므로 이론적으로는 원하는 파일을 아무 때나 잠글 수 있다. 누군가 잠긴 파일을 수정한 다음 커밋을 시도한다면, 서브버전은 파일이 잠겨 있어서 다른 사람은 수정할 수 없다고 거부할 것이다. 수정한 내용이 많은데 다른 사람이 잠그고 있어서 작업한 내용이 모두 날아갈지도 모른다면 반갑지 않은 상황일 것이다. 그보다는 수정하기 전에 잠그지 않으면 수정할 수 없게 막는 것이 유용할 것이다.

이러한 잠금 기능을 사용하려면, 파일의 프로퍼티에 svn:needs-lock을 추가해야 한다. 프로퍼티 값은 중요하지 않고 프로퍼티가 있기만 하면 파일을 잠글 수 있다. 대부분 svn:needs-lock에 *나 yes로 세팅한다.

프로퍼티를 설정한 후에는 저장소에 커밋해야 한다. 그래야만 이후로 작업 사본을 업데이트할 때 그 파일이 읽기 전용으로 변경된다. 팀원 중에 한동안 업데이트하지 않은 사람이 있다면, 파일 잠금 상태에 대해 모르고 있을지도 모른다. 따라서 바이너리 파일 등 병합할 수 없는 파일을 서브버전에 추가할 때는 곧바로 잠금 기능을 설정하는 것이 좋다.

서브버전은 어떤 종류의 파일은 반드시 잠가야 한다는 식의 강요는 하지 않는다. 예를 들어 작은 웹 사이트에 사용할 이미지 파일들이라면 자주 수정하지 않을 테니 굳이 잠금 기능을 설정하지 않아도 괜찮을 것이다. 그보다는 매일 숫자를 바꿔야 하는 스프레드시트 파일 같은 것이 잠금 기능을 사용하기에 적당하다. 일반적으로 잠금 기능을 사용하는 파일 수는 최소화하는 것이 좋다. 잠금 기능은 파일을 수정할 때마다 오버헤드를 야기하므로 팀원들이 병합할 수 없는 파일 때문에 자주 고생할 때만 사용하자.

특정 파일을 잠그지 않으려면 svn propdel 명령으로 svn:needs-lock 프로퍼티를 삭제하면 된다. 토터스를 사용 중이라면 TortoiseSVN 〉 Properties를 선택해 삭제하고, 코너스톤을 사용 중이라면 파일의 세부 정보 창에서 Needs Lock을 No로 설정하면 된다.

파일 잠금 가능하게 만들기

```
mbench> svn propset svn:needs-lock yes docs/benchmarks.xlsx
mbench> svn commit -m "스프레드시트는 편집하기 전에 잠그고 작업할 것"
```

토터스로 파일 잠금 가능하게 만들기

윈도 탐색기로 파일에서 마우스 오른쪽 버튼을 클릭한 후, TortoiseSVN 〉 Properties를 선택한다.

New... 버튼을 클릭한 다음 프로퍼티 선택 상자에서 svn:needs-lock을 선택한다. 프로퍼티 값에 원하는 텍스트를 입력한다. 보통 yes나 true 등을 적는다.

이제 두 번 OK를 클릭해 프로퍼티를 저장하고 나서 커밋으로 저장소에 새 프로퍼티를 반영한다.

코너스톤으로 파일 잠금 가능하게 만들기

작업 사본 목록에서 프로젝트를 선택한 다음 작업 사본 브라우저를 열어 잠그고 싶은 파일을 찾는다.

파일을 선택한 후 도구 막대에서 Inspector 아이콘을 클릭한다. 상세 정보를 보여주는 Inspector 패널이 코너스톤 창 오른쪽에 열릴 것이다.

Inspector 패널에서 Properties 버튼을 클릭한 후, Needs Lock을 yes로 설정한다. Save Changes를 클릭하고 나서 도구 막대에서 Commit 버튼을 눌러 저장소에 변경 사항을 저장한다.

관련작업

- 30번 작업, 파일 잠그기
- 31번 작업, 잠금 해제하기
- 32번 작업, 다른 사람의 잠금 해제하기

30번 작업

파일 잠그기

작업 사본의 파일 중 svn:needs-lock 프로퍼티가 설정된 파일들은 읽기 전용이 된다. 실제 구현은 운영체제마다 다르다. 윈도에서는 오른쪽 버튼을 클릭한 후 속성을 보면 읽기 전용 속성이 설정되어 있는 것을 볼 수 있다. 유닉스 시스템에서는 쓰기 플래그가 불가로 표시되고 맥에서는 파인더의 공유 및 권한 부분에 읽기 전용이 표시될 것이다.

서브버전은 파일을 잠가야만 수정할 수 있음을 알리려고 파일을 읽기 전용으로 만든다. 파일을 편집할 때 사용하는 도구에 따라 파일이 읽기 전용임을 알려주는 경고 메시지나 대화 창 같은 것이 나오기도 하고 나오지 않기도 한다. 예를 들어 윈도의 그림판으로 이미지 파일을 수정한다면, 저장하려 할 때에만 읽기 전용이라는 메시지를 볼 수 있다. 마이크로소프트 엑셀로 읽기 전용 파일을 연다면 [읽기 전용]이라는 표시가 제목 표시줄에 보이며 읽기 전용임을 나타내지만 계속 스프레드시트를 편집할 수 있다. 파일 잠금 기능을 사용한다면, 파일 편집 도구들이 읽기 전용 파일들을 어떤 식으로 다루는지 알아두어야 한다.

파일을 잠글 때에 로그 메시지에 그 이유를 적을 수 있다. 오랫동안 잠가두어야 하는 경우에 여기에 사유를 적어두면, 다른 사람들이 저장소의 로그 메시지를 보고 그 이유를 알 수 있으므로 유용하다.

아무도 파일을 잠그지 않은 상태일 때에만 잠글 수 있고, 파일을 쓰기 가능 상태로 만들 수 있다.

누군가 이미 잠근 상태라면, 잠금 요청은 실패하고 누가 잠갔는지 표시되므로 그 사람에게 언제쯤 수정을 끝내고 풀어줄 수 있는지 물어보고 그때까지 기다려야 할 것이다. 아니면 강제로 풀어버리고 이쪽에서 다시 잠글 수도 있다.

「32번 작업, 다른 사람의 잠금 해제하기」를 참고하자.

작업 사본이 최신판이 아닌 경우에도 잠금 요청은 실패한다. 커맨드라인 클라이언트와 토터스는 뭐가 잘못됐는지 알려주고, 토터스의 경우는 업데이트한 다음 다시 시도할지를 물어본다. 안타깝게도 코너스톤은 파일을 잠그는 데 실패하면 별다른 메시지를 보여주지 않는다. 파일 옆에 잠금을 표시하는 작은 아이콘이 보이지 않을 뿐이다. 이럴 경우 작업 사본을 업데이트하고 다시 시도해 보자.

파일을 수정하기 위해 잠금 요청하기

```
docs> svn update
docs> svn lock benchmarks.xlsx -m "64비트 실행 결과 추가 중"
'benchmarks.xlsx' locked by user 'mike'.
```

토터스로 파일 잠그기

윈도 탐색기로 잠그려는 파일을 오른쪽 클릭한 후 SVN Get lock....을 선택한다. 파일을 잠그는 이유를 적고 OK를 클릭해 파일을 잠근다.

토터스로 파일 여러 개 잠그기

윈도 탐색기로 작업 사본의 루트 디렉터리에서 오른쪽 버튼을 클릭한 후, TortoiseSVN 〉 Get lock....을 선택한다.

작업 사본의 파일들이 잠금이 필요한지 여부와 함께 표시된다.

잠그고 싶은 파일을 체크하고, 잠그는 이유를 적은 다음 OK를 클릭해 파일을 잠근다.

코너스톤으로 파일 잠그기

작업 사본 브라우저로 잠그고 싶은 파일을 찾는다. 브라우저에서 리비전의 옆에 작은 꼬리표가 표시된 파일이 잠금 요청 가능한 파일이다.

커맨드 키를 누른 채로 파일을 클릭한 후 Lock....을 선택한다. 파일을 잠그는 이유를 입력한 후 Lock을 클릭한다. 파일 잠금 상태를 나타내는 자물쇠 아이콘이 나타난다.

관련작업

- 29번 작업, 파일 잠금 기능
- 31번 작업, 잠금 해제하기
- 32번 작업, 다른 사람의 잠금 해제하기

31번 작업

잠금 해제하기

파일을 잠근 후에 수정할 필요가 없어지거나 마음이 바뀌어서 취소하고 싶어질 수 있다. 변경 사항을 커밋하면 서브버전이 자동으로 잠금을 해제해 주지만, 한동안 커밋하지 않을 계획이거나, 누군가 그 파일을 수정할 필요가 있다고 생각된다면 즉시 풀어주는 것이 예의 바른 행동일 것이다.

잠근 파일을 수정했더라도 잠금은 해제할 수 있다. 하지만 나중에 체크인할 때 파일이 잠긴 상태가 아니라면 서브버전의 파일 잠금 메커니즘을 깨트리는 것이 된다. 여러분이 잠금을 해제한 사이에 누군가가 파일을 잠그고 수정해 체크인했다면, 그 사람의 작업을 덮어쓰는 좋지 않은 상황이 발생할 수도 있다. 잠금을 해제할 때는 반드시 그 파일의 수정 사항을 취소(revert)해야 한다.

파일 잠금 해제하기

```
docs> svn unlock benchmarks.xlsx
'benchmarks.xlsx' unlocked.
```

토터스로 잠금 해제하기

윈도 탐색기에서 잠겨 있는 파일을 오른쪽 클릭한 후 TortoiseSVN 〉 Release lock을 선택한다.

아니면 작업 사본 폴더에서 오른쪽 버튼을 클릭한 후 TortoiseSVN 〉 Release lock을 선택하면 토터스가 디렉터리 내의 잠긴 파일을 전부 보여준다.

해제할 파일을 체크한 후 OK를 클릭한다.

코너스톤으로 잠금 해제하기

작업 사본 브라우저에서 잠금 해제할 파일을 찾아낸다. 잠긴 파일들에는 자물쇠가 표시되어 있을 것이다.

커맨드 키를 누른 채 파일을 클릭한 다음 Unlock을 선택하면 된다.

관련작업

- 29번 작업, 파일 잠금 기능
- 30번 작업, 파일 잠그기
- 32번 작업, 다른 사람의 잠금 해제하기

32번 작업

다른 사람의 잠금 해제하기

파일 잠그기는 배려가 필요한 기능이다. 바이너리 파일을 한 명 이상의 팀원이 동시에 수정할 때 발생할 수 있는 사고를 방지해주지만 규칙을 지키지 않는 사람이 있게 마련이다. 누군가가 파일을 잠그고 퇴근하거나 휴가를 가버렸다면 다른 사람들은 그 파일을 편집할 수 없게 된다. 이런 상황을 해결하기 위해 서브버전은 강제 해제 기능과 잠금 뺏어오기 기능을 제공한다.

둘 중에 파일 잠금 뺏어오기가 더 많이 사용된다. 이 기능을 사용하면 서브버전 서버가 파일 잠금을 해제한 다음, 다른 사용자의 이름으로 잠그기까지 한번에 해주기 때문이다. 사용자가 직접 파일 잠금을 풀고 잠근다면, 잠금이 해제된 잠깐 사이에 누군가가 끼어들어 그 사람 이름으로 잠글 수도 있다. 파일 잠금을 뺏어오고 나면 보통의 파일 잠금 기능과 똑같이 동작한다.

여러분이 파일을 잠그고 집에 갔는데 강제로 해제 당했다면 별로 기분이 좋지는 않을 것이다. 서브버전 클라이언트는 작업 사본에 해당 파일이 여전히 잠긴 상태라고 표시하지만 실제로는 풀린 상태다. 서브버전은 이런 상황을 잠김이 '중지(defunct)'됐다고 표현한다. 중지된 파일을 고쳐 커밋하려고 하면 서브버전은 받아주지 않을 것이다. 수정 사항을 되돌리고 다시 잠그고 수정하는 수밖에 없다.

작업 사본이 저장소로부터 업데이트되면 서브버전 클라이언트가 중지된 파일이 있다고 알려줄 것이므로 자주 업데이트하는 습관을 들이는 것이 좋다. 그리고 당연히 다른 사람의 잠금을 뺏어올 때는 이메일로 알려주는 것이 예의바른 행동이다.

서브버전에서는 누구든지 다른 사람의 잠금을 뺏어올 수 있다. 이 기능을 제한하고 싶다면 서브버전의 pre-lock과 pre-unlock 훅 스크립트로 잠금과 잠금 해제를 허용하거나 막을 수 있다. post-lock이나 post-unlock 훅 스크립트를 사용하면 잠금이 중지될 때 메일을 보내는 것 같은 추가 작업을 지시할 수 있다. 「42번 작업, 저장소 훅 스크립트 사용하기」를 참고하자.

강제로 잠금 해제하기

```
docs> svn lock benchmarks.xlsx
svn: warning: Path '/trunk/docs/benchmarks.xlsx' is already
locked by user 'mmason' in filesystem '/home/svn/mbench/db'
docs> svn unlock --force benchmarks.xlsx
'benchmarks.xlsx' unlocked.
```

잠금 뺏어오기

```
docs> svn lock benchmarks.xlsx
svn: warning: Path '/trunk/docs/benchmarks.xlsx' is already locked
by user 'mmason' in filesystem '/home/svn/mbench/db'
docs> svn lock --force benchmarks.xlsx
'benchmarks.xlsx' locked by user 'mike'.
```

토터스에서 잠금 뺏어오기

윈도 탐색기에서 잠그려는 파일을 찾아 오른쪽 버튼을 클릭한 다음 SVN Get lock....을 선택한다.

잠그려는 이유를 입력하고 Steal the locks 옵션을 체크하고 OK를 클릭한다.

코너스톤에서 잠금 가져오기

코너스톤 메뉴에서 View를 선택하고, Show Repository Status를 체크한다. 이렇게 하면 코너스톤이 저장소에 파일들의 잠금 여부를 확인한다. 다른 사람이 잠가놓은 파일에는 회색 자물쇠 아이콘이 표시된다.

작업 사본 목록에서 프로젝트를 선택한 다음 작업 사본 브라우저를 펼쳐 잠금을 가져올 파일을 찾아낸다. 커맨드 키를 누른 채로 파일을 클릭한 다음 Lock...을 선택해 파일을 잠그면 된다.

관련작업

- 29번 작업, 파일 잠금 기능
- 30번 작업, 파일 잠그기
- 31번 작업, 잠금 해제하기

7부

서버 설정하기

서브버전은 저장소라는 공간에 파일들을 저장하는데, 저장소는 디스크 어딘가에 파일을 모아놓은 것일 뿐이다. 그 안에 마음대로 디렉터리 구조를 만들어 프로젝트와 파일들을 구성할 수 있다. 대개 저장소 하나에 프로젝트 여러 개를 저장하는데 이 경우 저장소의 루트에는 각 프로젝트를 위한 디렉터리가 있고, 각 프로젝트 아래에 트렁크, 브랜치, 태그 디렉터리가 들어간다. 어떤 때는 한 프로젝트만을 위한 저장소를 만들기도 한다. 이 경우 저장소의 루트 디렉터리 바로 아래에 트렁크, 브랜치, 태그 디렉터리가 들어간다.

두 가지 방식 중 어느 쪽을 선택해야 할지 헷갈릴 수 있지만, 프로젝트를 저장소별로 분리할 명확한 이유가 없다면, 저장소는 하나만 만들고 여러 프로젝트를 그 안에 저장하면 된다. 서브버전 사용자가 저장소에 접속할 때는 서버가 어떤 식으로 구성됐는지 알아낼 방법이 없다. 관리자가 결정하고 조정해야 하는 사항일 뿐이다.

저장소가 개발팀에 유용하려면 서브버전 서버를 설치해서 네트워크를 통해서도 파일에 접근할 수 있도록 해주어야 한다. 여러 종류의 서브버전 서버가 있기 때문에 필요에 맞는 서버를 골라야 한다.

svnserve는 가장 간단하고 사용하기 쉬운 서버로, 아주 가볍고 서브버전 고유의 프로토콜인 svn 프로토콜을 지원한다. 안타깝게도 svnserve는 암호화를 제공하지 않아 네트워크를 완전히 통제할 수 있는 랜(LAN)에서 주로 사용한다.

안전하게 암호화된 SSH 연결로 svnserve의 통신 내용을 보호할 수도 있다. 이 경우 고도의 보안 기능을 사용할 수 있지만 추가 관리의 부담이 크다. 모든 서브버전 사용자에게 유닉스 사용자 계정을 발급해야 하기 때문이다.

아파치 웹 서버를 사용하면 http나 https 연결로 웹 브라우저를 쓰듯이 서브버전 저장소에 접근할 수 있다. 서브버전을 네트워크 상에 제공할 때 가장 많이 사용하는 방식이다. SSL 인증서까지 사용하면 웹 사이트에서 신용 카드 정보를 보호할 때와 같은 수준의 보안 기능을 사용할 수 있다. 또 LDAP이나 액티브 디렉터리 등 기존 사용자 정보와 통합할 수도 있다. 아파치를 사용하면 한 서버에서 저장소를 여러 개 제공하기도 쉽고, 각 저장소별로 하부 디렉터리에 대해서까지 세부적인 보안 설정을 할 수 있다.

7부에서는 우분투 리눅스 운영체제에서 아파치를 서브버전 서버로 사용하는 방법을 집중적으로 설명한다. 윈도에서 svnserve를 실행하는 방법도 설명하고, 저장소 백업과 복구, 보안 관련 팁도 설명한다.

여기에서는 다음 내용을 다룬다.

- 「33번 작업, 서브버전 서버 설치하기」에서 우분투 리눅스에 서브버전을 설치하는 법을 설명한다.
- 서브버전 서버를 실행하고 나면, 저장소를 생성하고 네트워크에 이를 제공해야 한다. 「34번 작업, 저장소 만들기」에서 자세히 설명한다.
- 「35번 작업, 윈도용 서브버전 서버 설치하기」에서 윈도를 서버로 사용하는 방법을 설명한다.
- 서버를 직접 운영하고 싶지 않은 이도 있을 것이다. 「36번 작업, 서브버전 호스팅 서비스 이용하기」에서 호스팅 서비스에 대해 설명한다.
- 사용 중인 CVS 저장소가 있다면, 이를 서브버전 저장소로 전환할 수 있다. 변경 기록, 브랜치, 태그 등을 그대로 사용할 수 있다. 「37번 작업, CVS 저장소 가져오기」를 보자.
- 저장소 백업과 복구 방법은 「38번 작업, 백업과 복구」에서 설명한다.
- 「39번 작업, 매주 전체 백업하기」와 「40번 작업, 매일 증분 백업하기」에서 효율적인 백업 방식을 설명한다.
- 보안 기능 없이 저장소를 노출해서는 안 된다. 「41번 작업, 저장소 보호하기」에서 사용자나 그룹을 대상으로 저장소를 보호하는 단순한 방법을 설명한다.
- 「42번 작업, 저장소 훅 스크립트 사용하기」에서 서브버전의 커밋 과정에 끼

어들어 커밋을 막거나 커밋 후에 이메일을 보내는 등의 동작을 추가하는 방법을 설명한다.

우선 서브버전 서버 설치부터 시작하자.

33번 작업

서브버전 서버 설치하기

아파치는 서브버전 저장소를 온라인으로 제공하는 가장 인기 있는 방식이다. 리눅스 서버에는 대부분 아파치가 설치되어 있고 사실 인터넷에 존재하는 서버 중 절반 이상이 아파치로 운영되고 있다.[11] 아파치를 사용하면 HTTP를 통해 저장소를 제공할 수 있고 SSL 보안, LDAP 사용자 인증 등 아파치의 다른 기능을 활용할 수 있다.

아파치에는 설정 파일을 통해 제어할 수 있는 서브버전 모듈이 있다. 서버 하나에서 웹 사이트 여러 개를 운영 중이라면, 전역 설정 파일인 dav_svn.conf가 아니라 가상 서버 설정 부분에 서브버전 저장소를 추가하면 된다.

이번 예제에서는 SVNParentPath 값을 사용해 /home/svn 아래의 모든 디렉터리가 저장소로 동작하도록 설정했다. 이렇게 하면 새 저장소가 필요할 때 아파치 설정 파일을 바꾸지 않고 디렉터리만 생성하면 된다. SVNPath를 사용하면 단일 저장소를 제공하도록 설정할 수 있다. 상황에 따라 저장소 하나만 사용하는 것이 백업 등 관리 부담이 덜하기도 하다. 저장소 하나에서 프로젝트를 여러 개 사용할 수도 있으니 두 가지 접근 방식 중 원하는 것을 사용하면 된다.

이 책에서 설명한 설정을 따라한다면 저장소는 /home/svn/myrepo에 생생된다. 웹에서는 http://myserver.com/svn/myrepo로 접속하면 된다.

아파치의 사용자 인증을 위해 htpasswd 파일을 사용한다면, 파일을 맨 처음 생성할 때만 -c 인자를 사용해야 한다. 사용자를 추가할 때는 -c 인자를 써서는 안 된다. htpasswd는 서브버전보다 오래전에 만들어져서 별로 직관적이지도 친절하지도 않다. 아파치의 가상 서버를 사용한다면 각 사이트마다 다른 패스워

11 http://news.netcraft.com/archives/2011/11/07/november-2011-web-server-survey.html

드를 사용할 수 있고, SVNPath를 통해 각 저장소별로 패스워드를 지정할 수도 있다.

설정 파일을 다 수정하고 나면 아파치를 재시작해야 한다. 그리고 「34번 작업, 저장소 만들기」를 참고해 저장소를 생성하면 된다.

아파치와 아파치용 서브버전 모듈 설치하기

```
prompt> sudo apt-get update
prompt> sudo apt-get install apache2 libapache2-svn
```

시냅틱 패키지 관리자로 아파치(apache2)와 서브버전 모듈(libapache2-svn) 패키지를 설치해도 된다. 그러면 필요한 패키지들도 자동으로 설치된다.

저장소로 사용할 디렉터리 만들기

```
prompt> sudo mkdir /home/svn
prompt> sudo chown www-data /home/svn
```

아파치에 서브버전 저장소 만들기

수정할 파일은 /etc/apache2/mods-enabled/dav_svn.conf이며 내용은 다음과 같다.

```
<Location /svn>
  DAV svn

  SVNParentPath /home/svn

  AuthType Basic
  AuthName "Subversion Repository"
  AuthUserFile /home/svn/passwd

</Location>
```

서브버전 접근 제어를 위한 패스워드 파일 만들기

```
prompt> sudo htpasswd -c /home/svn/passwd fred
prompt> sudo htpasswd /home/svn/passwd barney
prompt> sudo chown www-data /home/svn/passwd
```

아파치 서버 재시작하기

```
prompt> sudo service apache2 restart
```

관련작업

- 35번 작업, 윈도용 서브버전 서버 설치하기
- 5번 작업, 새 프로젝트 생성하기
- 36번 작업, 서브버전 호스팅 서비스 사용하기

34번 작업

저장소 만들기

서브버전은 저장소라는 공간에 파일을 저장한다. 저장소는 서버에 존재하는 평범한 디렉터리로 svnadmin create 명령으로 초기화된다. 아파치로 서브버전을 서비스하려면 「33번 작업, 서브버전 서버 설치하기」에 설명한 것처럼, 저장소 디렉터리의 허가권을 조정해 www-user 사용자가 디렉터리의 파일들을 수정하거나 생성할 수 있게 해야 한다.

SVNParentPath를 사용하면 지정된 디렉터리 아래의 디렉터리들이 각각 서브버전 저장소로 동작한다. 아파치는 각 서브 디렉터리를 서브버전 저장소로 네트워크에 열어준다. 프로젝트별로 저장소를 생성할 때 주로 이 방식을 사용하는데, 각 디렉터리 이름을 프로젝트 이름과 똑같게 해주는 편이 myrepo 따위로 하는 것보다는 좋을 것이다.

예제의 설정대로 따라하면 /home/svn/myproject에 생성된 저장소가 아파치 서버를 통해 http://myserver.com/svn/myproject에서 서비스된다.

저장소로 사용할 디렉터리 만들기

```
prompt> cd /home/svn
svn> sudo mkdir myrepos
```

저장소 초기화하기

```
svn> sudo svnadmin create myrepos
svn> sudo chown -R www-data myrepos
```

관련작업

- 33번 작업, 서브버전 서버 설치하기
- 5번 작업, 새 프로젝트 생성하기
- 36번 작업, 서브버전 호스팅 서비스 사용하기

35번 작업

윈도용 서브버전 서버 설치하기

서브버전 프로젝트의 후원자이면서 여러 가지 서브버전 관련 제품을 만드는 컬래브넷이라는 회사가 있다. 컬래브넷은 서브버전 관련 교육과 지원 서비스뿐 아니라 미리 컴파일된 서브버전 바이너리도 제공한다. 다음 페이지에 나오는 설명을 보고 윈도용 svnserve를 설치할 수 있는데 컬래브넷 설치 파일로 아파치도 설치할 수 있다. 아파치 서버를 사용하면 더 유연하게 설정도 할 수 있고, 웹을 통해 저장소를 열어 둘 수도 있다.

컬래브넷에서 제공하는 svnserve 설정은 C:\svn_repos에 생성하는 모든 디렉터리를 저장소로 사용하도록 되어있다. 저장소를 여러 개 만들려면 서브 디렉터리를 여러 개 만들고 svnadmin create 명령으로 각 디렉터리를 초기화하면 된다.

서브버전은 저장소의 conf 디렉터리에 설정 파일을 저장한다. 설정 파일은 텍스트 파일이어서 텍스트 에디터로 편집할 수 있다.

svnserve.conf 파일에는 접근 제어, 패스워드 파일, 디렉터리별 접근 제어 설정이 들어간다. 파일에 주석이 잘 되어 있으니 읽어보고 필요한 부분을 수정해 svnserve를 설정하면 된다.

svnserve 설정을 바꾸고 나면 제어판에서 서비스를 재시작해야 한다. 윈도 XP에서는 관리 도구로, 비스타와 그 이후 버전에서는 '서비스'를 검색해 재시작한다. 수동으로 재시작하는 것은 설정 파일을 수정한 이후에만 필요하고, 컴퓨터가 부팅될 때는 서비스도 자동으로 시작된다.

서브버전 클라이언트로 svn://localhost/repos에 접속해 제대로 설치됐는지 확인하자. 클라이언트가 연결에 성공하면 저장소 내에 프로젝트를 담을 디렉터리를 생성한다. 새 프로젝트를 생성할 때는「5번 작업, 새 프로젝트 생성하기」를 참고하자.

컬래브넷 서브버전 서버 다운로드하고 설치하기

http://www.open.collab.net/downloads/subversion에서 윈도용으로 'server and client'를 다운로드한 후 다운로드된 설치 프로그램을 더블 클릭해 설치 과정을 시작한다.

설치할 컴포넌트를 선택하는 화면에서 svnserve를 꼭 선택하고 아파치는 선택되지 않도록 한다.

svnserve 설정 화면에서는 기본 옵션을 그대로 사용한다. "Install as Windows service"가 선택됐는지 확인하고 Next를 몇 번 클릭하면 설치가 완료된다.

저장소 디렉터리를 만들고 초기화하기

'시작 〉 실행...'을 클릭한 후 cmd라고 입력한 다음 엔터 키를 눌러 명령 프롬프트를 연다. 그리고 다음 명령을 실행한다.

```
C:\users\mmason> cd \svn_repository
C:\svn_repository> md repos
C:\svn_repository> svnadmin create repos
```

저장소 보안 설정하기

C:\svn_repository\repos\conf\svnserve.conf를 에디터로 열어 password-db가 있는 줄의 주석을 해제해 패스워드를 사용할 수 있도록 한 후 파일을 저장한다.

C:\svn_repository\repos\conf\passwd를 에디터로 열어 다음과 같이 사용자와 패스워드를 입력한다.

```
[users]
mike = s3cr3t
jim = b4n4n4
```

윈도 제어판에서 svnserve 실행하기

컬래브넷 Subversion svnserve를 찾아 선택한 다음 도구 모음의 녹색 시작 아이콘을 클릭한다.

관련작업

- 5번 작업, 새 프로젝트 생성하기
- 36번 작업, 서브버전 호스팅 서비스 사용하기

36번 작업

서브버전 호스팅 서비스 사용하기

서브버전 서버를 직접 운영하면서 유지 보수하는 것이 부담스럽다면 서브버전 호스팅 서비스를 이용하면 된다.

오픈 소스 소프트웨어를 개발하고 있다면, 소스포지(SourceForge)[12] 에서 공짜로 서브버전 저장소를 사용할 수 있다. 웹 사이트에서 회원 가입을 하고 프로젝트를 생성하면 된다. 소스포지 서버에서 프로젝트 저장소를 만들어 줄 것이고, 접속해서 사용하면 된다. 본격적으로 시작하기 전에 trunk, tags, branches 디렉터리를 만드는 것을 잊지 말자.

소스 코드를 공개하기 싫다면 상용 서비스를 쓰면 된다. 많은 서비스 제공사가 있고 버그 추적 시스템, 위키 시스템, 메일링 리스트 등 추가 서비스를 제공하기도 한다. 대개 무료 체험 기간을 제공하는데, 무료 사용자는 제한된 기간 동안만 쓸 수 있거나, 저장소 크기나 개발자 숫자에 제한이 있다. 서비스 특징을 파악하기 위해 우선 무료로 가입해 사용해보는 것이 좋다.

Unfuddle[13]도 이러한 호스팅 서비스 중 하나인데 무료 회원은 200MB의 저장소와 한 개의 프로젝트를 이용할 수 있다. 회원 가입 후에 Repository 탭에서 New Repository를 클릭한다. 소스포지와 마찬가지로 trunk, tags, branches 디렉터리는 직접 생성해야 한다.

Beanstalk[14]는 서브버전과 깃 저장소를 둘 다 제공하는 상용 서비스다. 무료 회원에게는 한 개의 저장소와 세 명의 사용자, 100MB의 저장 공간을 제공한다.

---

12 http://www.sourceforge.net/

13 http://unfuddle.com/

14 http://beanstalkapp.com/

소스포지에 프로젝트 만들기

소스포지 사이트에서 회원 가입을 한 다음 로그인하고 새 프로젝트를 만든다. 성공하면 새 서브버전 저장소에서 프로젝트를 체크아웃할 수 있다.

```
prompt> svn mkdir
       https://myproject.svn.sourceforge.net/svnroot/myproject/
trunk
prompt> svn mkdir
       https://myproject.svn.sourceforge.net/svnroot/myproject/
tags
prompt> svn mkdir
       https://myproject.svn.sourceforge.net/svnroot/myproject/
branches
prompt> cd /home/work
work> svn checkout
       https://myproject.svn.sourceforge.net/svnroot/myproject/
trunk
```

Unfuddle에서 프로젝트 만들기

Unfuddle 사이트에 회원 가입 후, 로그인해 새 프로젝트를 만든다. 새 서브버전 저장소에서 프로젝트를 체크아웃할 수 있다.

```
prompt> svn mkdir http://myuser.unfuddle.com/svn/myuser_
myproject/trunk
prompt> svn mkdir http://myuser.unfuddle.com/svn/myuser_
myproject/tags
prompt> svn mkdir http://myuser.unfuddle.com/svn/myuser_
myproject/branches
prompt> cd /home/work
work> svn checkout http://myuser.unfuddle.com/svn/myuser_
myproject/trunk
```

Beanstalk에서 프로젝트 만들기

Beanstalk 사이트에서 Pricing & Signup을 클릭한 후 Free Account를 선택한다. 회원 가입 후에 새 서브버전 저장소를 만든다. 이때 기본 설정을 사용하면 자동으로 trunk, tags, branches 디렉터리가 생성된다.

새 프로젝트의 트렁크 URL은 http://user.svn.beanstalkapp.com/myproject/trunk가 된다.

관련작업

- 5번 작업, 새 프로젝트 생성하기

37번 작업

CVS 저장소 가져오기

버전 제어 시스템으로 CVS를 사용 중이라면 아주 쉽게 서브버전으로 이전할 수 있다. 서브버전은 CVS를 대신할 수 있도록 설계되어 있기 때문에 실행 환경이나 사용자 인터페이스가 CVS와 비슷하다. 기존 CVS 저장소를 서브버전 저장소로 변환할 수 있도록 cvs2svn이라는 도구도 제공된다. 이를 이용하면 모든 파일과 태그, 브랜치, 변경 기록을 자동으로 서브버전으로 업그레이드해 준다.

CVS 저장소 변환 기능은 유닉스 시스템에서 가장 잘 동작하므로 우분투 리눅스용 설명만 실었다. 리눅스 시스템을 이용할 수 없다면 cygwin[15]으로 윈도에서 이전할 수도 있지만 추천할 만한 방법은 아니다. 유닉스 서버에 계정을 하나 빌려 변환하는 편이 훨씬 더 매끄럽다.

맨 처음 해야 하는 중요한 작업은 CVS 저장소를 복사하는 것이다. 절대로 원본 CVS 저장소를 변환해서는 '안 된다'. cvs2svn은 이론적으로는 CVS로부터 파일을 읽기만 하고 변경하지는 않지만, 중요한 데이터를 다룰 때는 항상 조심해야 한다. 다시 한 번 말하지만 실제 저장소가 아니라 CVS 저장소를 복사해서 cvs2svn을 실행하라.

CVS 변환 기능은 기본적으로 변경 기록, 브랜치, 태그 등도 가져온다. 그런 정보가 필요 없다면, --trunk-only 옵션을 지정해 더 빠르게 변환할 수 있다. 명령이 완료되면 모든 변경 기록을 담은 서브버전 덤프(dump) 파일이 생성된다. 덤프 파일은 원래 서브버전 저장소를 백업할 때 생성되는 파일이다. 비어 있는 서브버전 저장소에 덤프 파일을 넣으면 서브버전용으로 변환된 CVS 저장소 파일들에 접근할 수 있다.

---

15 http://www.cygwin.com/

변환할 CVS 저장소의 인코딩 정보를 --encoding 옵션으로 지정할 수 있다. 가장 많이 사용되는 인코딩은 UTF8과 Latin-1이다. 이 옵션들이 동작하지 않으면 파이썬 인코딩 목록[16]에서 적당한 것을 찾아보라.

cvs2svn 설치하기

```
prompt> sudo apt-get update
prompt> sudo apt-get install cvs2svn
```

CVS 저장소 작업 사본 만들기

```
prompt> mkdir /tmp/cvs-convert
prompt> cp -r /home/cvs/some-project /tmp/cvs-convert
```

CVS 저장소를 서브버전 덤프 파일로 변환하기

```
prompt> cd /tmp/cvs-convert
cvs-convert> cvs2svn --dumpfile=some-project.dump
             --encoding=UTF8 --encoding=latin1 some-project/
```

덤프 파일로 새 저장소 생성하기

```
prompt> cd /home/svn
svn> sudo mkdir some-project
svn> sudo svnadmin create some-project/
svn> sudo svnadmin load some-project/ \
                   < /tmp/cvs-convert/some-project.dump
```

관련작업

- 5번 작업, 새 프로젝트 생성하기

16 http://docs.python.org/library/codecs.html#standard-encodings

38번 작업

백업과 복구

개발팀은 서브버전 저장소가 안전한 장소라고 믿고 자신들이 힘들여 개발한 결과를 저장해 둘 것이다. 하지만 시스템 관리자라면 누구나 알고 있듯이, 디스크는 언제든 고장날 수 있고 서버는 언제든지 해킹을 당하거나 망가지거나 다운되거나 사고가 나서 데이터가 날아갈 수 있다. 백업을 하고 정기적으로 백업을 확인하는 것은 아주 중요한 일이다.

가장 간단한 백업 방법은 svnadmin dump 명령으로 덤프 파일을 만드는 것이다. 덤프 파일에는 추가된 파일, 삭제된 파일, 파일 수정 내역 등 저장소에 올라온 모든 기록이 담겨 있다. 저장소가 망가졌을 때는 서브버전이 이 기록을 하나씩 실행해 저장소를 복구할 수 있다. 만들어진 덤프 파일은 반드시 다른 서버에 저장해야 한다.

서브버전 1.2부터는 저장소 내부 구조가 데이터베이스처럼 복잡한 것에서 디스크상의 단순한 파일 집합으로 바뀌었다. 이론적으로는 디스크 백업을 주기적으로 실행하고 있다면, 서브버전 저장소도 백업될 것이다. 하지만 백업 도중 누군가 체크인한다면, 불완전한 상태의 저장소가 백업될 가능성이 있다. 덤프 파일로 이런 현상을 방지할 수 있다. 덤프가 실행되는 동안에 누군가 체크인하더라도 덤프 파일은 완전한 상태의 백업을 갖도록 동작한다.

저장소 크기가 큰 경우에는 내용 전체를 덤프하면 크기가 꽤 커진다. 대신 매일 저녁 증분 백업을 하고, 주말에 전체 백업을 하는 것이 더 편할 것이다. svnadmin 명령에 –incremental과 -r REV 인자를 주면 주어진 리비전 이후의 변경 사항만 백업하게 할 수 있다. 유닉스 스크립트를 조금만 동원하면 일간 증분 백업과 주간 전체 백업이 자동으로 실행되게 할 수 있다. 「39번 작업, 매주 전체 백업하기」와 「40번 작업, 일간 증분 백업」을 참고하자.

저장소 백업과는 별도로, 시간이 지나면서 저장소 안쪽에 잘못된 것이 생기지는 않았는지 점검하는 작업도 필요하다. svnadmin verify 명령은 저장소 파일을 모두 읽어서 정상인지 검사한다. 저장소 크기가 크면 시간이 오래 걸리고 서버가 느려질 수도 있으니 한가한 시간에만 수행해야 한다.

저장소 덤프 파일 만들기

```
prompt> svnadmin dump /home/svn/mbench > mbench.dump
```

새 저장소에 덤프 파일 올려 복구하기

```
prompt> svnadmin load /home/svn/mbench2 < mbench.dump
```

저장소 무결성 검사하기

```
prompt> svnadmin verify /home/svn/mbench
```

관련작업

- 34번 작업, 저장소 만들기
- 36번 작업, 서브버전 호스팅 서비스 사용하기

39번 작업

매주 전체 백업하기

서브버전 관리 기능 중 dump와 load 명령은 저장소 백업 스크립트에 사용할 수 있는 훌륭한 도구들이다. 저장소가 크고 자주 백업해야 한다면 실행하고 기다려야 하는 시간이 지루해질 것이다. 다음 페이지와 그 다음 작업에 제시한 스크립트에는 저장소 전체 백업과 증분 백업을 위한 기본 사항이 들어있다.

대다수 사용자는 한 주에 한 번 전체 백업을 하고, 매일 증분 백업을 하는 것으로 충분하다. 보통 사람들이 하는 정도로는 만족할 수 없다면 매일 전체 백업을 하고, 한 시간마다 증분 백업을 할 수 도 있다. post-commit 훅 스크립트로 체크인할 때마다 증분 백업을 하는 관리자도 있지만 그렇게까지 할 필요는 없을 것이다.

full-backup.pl은 svnadmin dump 명령으로 저장소 전체를 백업한 다음, svnlook 명령으로 저장소에서 최근 리비전 번호를 알아낸다. 이 번호를 last-backed-up 파일에 저장해서 다음번 증분 백업에서 사용할 수 있도록 한다. 어디까지 백업했는지 적어두면 다음번 증분 백업을 빨리 진행할 수 있기 때문이다.

스크립트는 또 gzip으로 백업 파일을 압축한다. 백업이 완료된 후에는 네트워크 드라이브나 테이프 드라이브 등 안전한 장소에 백업 파일을 복사해 두어야 한다. 압축이 끝난 덤프 파일을 서브버전 저장소와 똑같은 디스크에 두는 것은 안전하지 않다.

저장소 전체를 백업하는 스크립트

http://media.pragprog.com/titles/pg_svn/code/full-backup.pl에서 full-backup.pl을 다운로드한다.

```
#!/usr/bin/env perl
#
# 서브버전 저장소 전체 백업

$svn_repos = "/home/svn/repos";
$backups_dir = "/home/svn/backups";

$backup_file = "full-backup." . date +%Y%m%d%H%M%S;
$youngest = svnlook youngest $svn_repos;
chomp $youngest;

print "리비전 $youngest까지 백업 중\n";
$svnadmin_cmd = "svnadmin dump --Revision 0:$youngest " .
                "$svn_repos > $backups_dir/$backup_file";
$svnadmin_cmd;

print "덤프 파일 압축 중...\n";
print gzip -9 $backups_dir/$backup_file;

open(LOG, ">$backups_dir/last_backed_up");
print LOG $youngest;
close LOG;
```

전체 백업 스크립트 실행

```
prompt> full-backup.pl
리비전 17까지 백업 중
* Dumped revision 0.
* Dumped revision 1.
* Dumped revision 2.
: : :
* Dumped revision 17.
덤프 파일 압축 중...
```

관련작업

- 38번 작업, 백업과 복구
- 40번 작업, 매일 증분 백업하기
- 42번 작업, 저장소 훅 스크립트 사용하기

40번 작업

매일 증분 백업하기

앞에서 전체 백업 스크립트를 살펴봤다. 여기에서는 증분 백업을 수행하는 daily-backup.pl 스크립트에 대해 설명한다. 이 스크립트는 하루에 한 번씩 실행하는 것이 보통이겠지만 편집증 성향이 있다면 더 자주 실행해도 된다.

스크립트는 전체 백업으로 만들어진 last_backed_up 파일을 읽어서 저장소에 새로운 리비전이 추가됐는지 확인한 다음 있다면 새 리비전을 백업한다. 추가된 리비전이 없으면 증분 백업을 하지 않고 그대로 종료한다. 백업을 한 경우에는, 다음번 증분 백업이 잘 동작되도록 최근 리비전을 읽어서 last_backed_up 파일에 적어둔다.

스크립트를 실행하면 다음과 비슷한 결과를 볼 수 있다.

```
prompt> daily-backup.pl
리비전 18에서 18까지 백업 중...
* Dumped revision 18.
덤프 파일 압축 중...
```

백업 스크립트가 한동안 제대로 동작하면, 몇 주 안에 전체 백업과 더불어 증분 백업 파일들이 /home/svn/backups 디렉터리에 다음과 같이 쌓이게 된다.

```
prompt> ls -t /home/svn/backups
incremental-backup.20100517010008.gz
full-backup.20100516010011.gz
incremental-backup.20100515010002.gz
incremental-backup.20100514010004.gz
incremental-backup.20100513010011.gz
incremental-backup.20100512010008.gz
incremental-backup.20100511010003.gz
incremental-backup.20100510010011.gz
full-backup.20100509010014.gz
```

사고가 발생해 백업으로 저장소를 복구해야 한다면, 우선 svnadmin load 명령으로 최근 전체 백업 파일을 새 저장소로 복구한 다음, 증분 백업을 차례로 적용하면 된다. 앞의 디렉터리를 예로 들면, 5월 16일의 전체 백업을 반영한 다음, 5월 17일의 증분 백업을 적용하면 된다. 이렇게 최근 전체 백업과 그 후 증분 백업만 적용하면 나머지 파일들은 적용하지 않아도 된다.

저장소 증분 백업 스크립트

http://media.pragprog.com/titles/pg_svn/code/daily-backup.pl에서 daily-backup.pl을 다운로드한다.

```
#!/usr/bin/env perl
#
# 저장소에서 증가된 리비전만큼만 백업하는 스크립트

$svn_repos = "/home/svn/repos";
$backups_dir = "/home/svn/backups";
$backup_file = "incremental-backup." . date +%Y%m%d%H%M%S;

open(IN, "$backups_dir/last_backed_up");
$previous_youngest = <IN>;
chomp $previous_youngest;
close IN;
$youngest = svnlook youngest $svn_repos;
chomp $youngest;

if($youngest eq $previous_youngest) {
  print "백업할 리비전이 없음.\n";
  exit 0;
}

# 마지막 백업 이후부터 최근 리비전까지만 백업한다.
$first_rev = $previous_youngest + 1;
$last_rev = $youngest;

print "리비전 $first_rev에서 $last_rev까지 백업 중...\n";
$svnadmin_cmd = "svnadmin dump --incremental " .
                "--revision $first_rev:$last_rev " .
                "$svn_repos > $backups_dir/$backup_file";
$svnadmin_cmd;

print "덤프 파일 압축 중...\n";
print gzip -9 $backups_dir/$backup_file;
```

```
open(LOG, ">$backups_dir/last_backed_up");
print LOG $last_rev;
close LOG;
```

관련작업

- 38번 작업, 백업과 복구
- 39번 작업, 매주 전체 백업하기

41번 작업

저장소 보호하기

조직에서는 대부분 모든 프로젝트를 서브버전 저장소 하나에 담아 두는 편이 좋을 것이다. 서버 한 대에 사용자 수백 명이 접속하게 되었거나 서버에 공간이 부족해져 관리가 힘들다면, 저장소를 여러 개로 분산하는 것을 고려해야 한다. 일반적으로 서브버전 저장소에는 여러 개의 프로젝트를 담을 수 있는데 프로젝트별로 사용자 그룹을 지정해 접근 권한을 지정하고 싶을 때가 있다. 아파치나 svnserve로 서브버전 저장소를 제공한다면 경로별로 접속 권한을 조정할 수 있다.

아파치의 경로별 보안 기능은 AuthzSVNAccessFile 값을 통해 설정한다. svnserve를 쓴다면 svnserve.conf의 authz-db 설정을 수정해야 한다. 어느 쪽이든 실제 보안 설정 파일의 포맷은 똑같다.

보안 설정 파일의 [groups] 부분에는 사용자 그룹을 정의한다. 예제에서는 관리자, 개발자, 웹 개발팀을 정의했다.

그 다음에는 보안 기능을 적용할 저장소 내의 경로들이 나온다. 각 경로에 대해 그룹이나 사용자별로 권한을 지정할 수 있다. 인증에 성공한 사용자는 $authenticated로, 익명 사용자는 $anonymous로 표시할 수 있다. 읽기만 가능한 사용자나 그룹에는 r을, 읽고 쓰기가 가능하면 rw를 표시한다. 아무것도 표시하지 않은 사용자나 그룹은 접근할 수 없다.

예제에서는 세 개의 경로에 대해 보안 설정을 했다. 저장소 루트 디렉터리는 관리자 그룹만 쓰기 권한이 있어서 새 프로젝트를 생성할 수 있다. 일반 사용자들은 읽기 권한만 있으며, 인증을 거치지 않은 익명 사용자는 접근할 수 없도록 했다. /mbench 프로젝트에는 관리자와 개발자가 읽기 쓰기 권한을 가지며 다른 사람들은 읽기만 가능하다. /website_project에는 웹 개발팀만 쓰기 권한을 주었고 나머지 사람들은 접근할 수 없다. 대개 회사의 신규 사이트는 발표 전까지는 철저하게 보안이 지켜져야 하기 때문이다.

경로별 보안 설정을 마친 후에는 아파치 서버를 재시작해야 새 설정이 반영된다. 아파치 재시작 후에는 dav_svn.authz를 수정하기만 하면, 서브버전 쪽에서 알아서 즉시 보안 설정에 반영한다.

아파치에서 경로별 보안 모듈 사용하기

에디터로 /etc/apache2/mods-enabled/dav_svn.conf를 열고 다음 내용이 있는 줄의 주석을 푼다.

```
AuthzSVNAccessFile /etc/apache2/dav_svn.authz
```

저장소에서 경로별 보안 설정하기

에디터로 /etc/apache2/dav_svn.authz 파일을 열고, 저장소와 사용자에 적용할 보안 설정을 적는다.

```
[groups]
admins = mike, ian
developers = mike, ian, ben
web_team = ben, natalie

[/]
admins = rw
* = r

[/mbench]
admins = rw
developers = rw
* = r

[/website_project]
web_team = rw
* =
```

설정 적용을 위해 아파치 재시작하기

```
prompt> sudo /etc/init.d/apache2 restart
```

관련작업

- 33번 작업, 서브버전 서버 설치하기
- 34번 작업, 저장소 만들기
- 5번 작업, 새 프로젝트 생성하기

42번 작업

저장소 훅 스크립트 사용하기

서브버전은 동작 과정에 사용자가 끼어들 수 있는 지점을 몇 군데 열어두고 있다. 변경 사항 커밋, 파일 잠금 요청 및 해제, 리비전 프로퍼티 변경 등에 끼어들어서 원하는 동작을 수행하게 할 수 있는데, 이를 훅(hook)이라 한다. 서브버전은 해당 동작 과정 중에 설치된 훅이 있는지 검사한 후 있다면 실행한다.

훅 스크립트는 진행 중인 동작의 내부 정보에 접근할 수 있고, 어떤 훅 스크립트가 실행되느냐에 따라 다른 인자들이 전달된다. 예를 들어 커밋이 실행되기 전에 동작하는 훅(pre-commit hook)에는 현재 진행 중인 커밋의 저장소 경로와 트랜잭션 ID가 전달된다. 스크립트가 0이 아닌 종료 코드를 반환하면 서브버전은 커밋 작업을 중단하고, 스크립트가 출력한 표준 오류 메시지를 사용자에게 전달한다.

저장소의 hooks 디렉터리에는 확장자가 .tmpl인 상황별 예제들이 있다. 예제를 적용하려면 이름을 바꾸고 tmpl 확장자를 삭제하면 된다. 윈도용 훅 스크립트의 확장자는 .bat나 .exe여야 한다. 예제 스크립트들은 훅 스크립트들이 어떤 작업을 할 수 있는지 보여주는 좋은 예제이다. 주석도 상세하고 작업 내용도 상세하게 설명되어 있다. 자주 사용되는 훅 스크립트는 다음과 같다

- pre-commit: 변경 사항이 저장소에 커밋되기 직전에 실행된다. 로그 메시지를 검사하거나 파일 포맷을 조정하거나, 보안 설정이나 정책 등을 조정하고 싶을 때 사용한다.
- pre-lock: 파일 잠금 직전에 호출된다. 잠금 기능을 특정 사용자에게만 허용하고 싶을 때 주로 사용된다.

- pre-unlock: 잠금 해제 기능이 완료되기 직전에 실행된다. 강제 해제 기능을 특정 사용자에게만 허용하고 싶을 때 사용한다.
- post-commit: 커밋이 완료되면 실행된다. 팀원들에게 이메일을 보내는 등 완료된 커밋에 대한 정보를 사용자에게 알려줄 때 사용할 수 있다.

훅 스크립트에서 내부 정보에 접근할 수 있지만 절대로 수정해서는 안 된다. 이 기능을 이용해 소스 코드를 특정 표준에 맞추고 싶을 수도 있는데, 그러면 커밋 도중에 소스 코드가 변경됐다는 것을 클라이언트에 알려줄 방법이 없다는 문제가 있고 결국 동기화되지 않은 작업 사본이 만들어진다. pre-commit 훅 스크립트에서 코딩 표준과 비교한 다음, 표준을 지키지 않은 경우에는 커밋을 거부하도록 해서 개발자가 소스를 표준에 맞춰서 커밋하도록 하는 것이 더 좋은 방법이다.

pre-commit 훅으로 로그 메시지 검사하기

저장소의 hooks 디렉터리에 pre-commit이라는 이름의 파일을 만들고 다음 내용을 입력한다.

```
#!/usr/bin/perl

$repos=$ARGV[0];
$txn=$ARGV[1];

$svnlook = "/usr/bin/svnlook";
$wc = "/usr/bin/wc";

$log_words = $svnlook log -t "$txn" "$repos" | $wc -w;
if($log_words < 1) {
  print STDERR "로그 메시지를 입력해 주세요.\n";
  exit 1;
}
exit 0;
```

반드시 스크립트에 실행 권한을 주어야 한다.

```
hooks> chmod +x pre-commit
```

pre-commit 훅으로 태그가 읽기 전용인지 검사하기

pre-commit 스크립트를 다음과 같은 내용으로 작성한다.

```
#!/usr/bin/perl

$repos=$ARGV[0];
$txn=$ARGV[1];

$svnlook = "/usr/bin/svnlook";

@log_lines = $svnlook changed -t "$txn" "$repos";
foreach $line (@log_lines) {
  if($line =~ /^U.*\/tags\//) {
    print STDERR "태그된 파일은 수정할 수 없습니다.\n";
    exit 1;
  }
}

hooks> chmod +x pre-commit
```

관련작업

- 34번 작업, 저장소 만들기
- 41번 작업, 저장소 보호하기

8부

고급 기술

Pragmatic Guide to Subversion

서브버전에는 일반적으로는 사용할 일이 별로 없는 고급 기능 몇 가지가 있다. 가끔 이와 관련된 질문을 하는 사람들이 있어서 여기에 실었다. 고급 주제에 관심이 있는 독자들은 참고하기 바란다.

8부에서 다루는 내용은 다음과 같다.

- 서브버전의 프로퍼티를 통해서 몇 가지 기능을 제어할 수 있다. 예를 들어 svn:ignore 프로퍼티로 디렉터리의 파일을 무시하도록 할 수 있다. 지금까지 프로터티 몇 개만 대강 설명했는데, 「43번 작업, 프로퍼티 다루기」에서 전체를 설명한다.
- 서브버전의 디렉터리 기반 구조는 유연하고 제한을 두지 않기 때문에 많은 사람이 사용해온 관례를 참고해 구성해야 한다. 여러 프로젝트를 저장하는 것은 자주 다뤄지는 문제이므로 「45번 작업, 여러 개의 프로젝트 구성하기」에서 한 저장소에 여러 프로젝트를 다룰 때, 사람들에 의해 편의성이 입증된 방식을 설명한다.
- 외부에서 공급받은 소스가 있을 때 공급자가 사라져 버리는 것이 염려되거나, 외부 업체 소스를 내부에서 관리할 필요가 있다면, 이 코드를 서브버전에 저장할 수 있다. 외부 코드를 저장소에서 잘 관리하려면 이 책에서 설명하는 몇 가지 사항을 잘 익혀두는 것이 좋다.
- 파일이나 저장소가 아주 크다면 작업 사본을 거치지 않고 곧바로 저장소의 파일을 수정해야 할 때도 있다. 구체적으로 어떤 상황에서 사용하는 것이 좋은지와 그 방법을 「47번 작업, 저장소 직접 수정하기」에서 설명한다.
- 이메일로 수정 사항을 전달하는 등 체크인과는 다른 경로로 수정 사항을 다루어야 하는 경우도 있다. 「48번 작업, 패치 파일 사용법」에서 자세히 설명한다.

43번 작업

프로퍼티 다루기

서브버전은 디렉터리와 파일 내용의 변경 사항뿐 아니라 파일과 디렉터리에 대한 프로퍼티의 변경 사항도 추적한다. 각각의 프로퍼티에는 이름이 있고, 값으로 문자열이나 바이너리 데이터를 갖는다. 서브버전에서는 파일 수정이나 프로퍼티 수정이 똑같이 취급되기 때문에 수정 후에는 커밋해야 하고, 더 이상 사용하지 않을 때는 되돌려야 하며, 때로는 충돌을 일으키기도 한다.

프로퍼티들 중에 svn:으로 시작하는 것들은 서브버전의 기능을 제어하는 데 사용된다. 서브버전에서 특정 파일을 무시하게 하거나 잠금 기능을 설정하거나 외부 소스를 참조하는 등 서브버전 기능을 제어해준다. 개발팀 내부 용도로 프로퍼티를 사용할 수도 있다. 예를 들어 파일에 적기는 부담스러운 내용이지만 관련 정보를 어딘가에 적어 두고 싶다면 프로퍼티를 사용하면 된다.

다음 페이지에 나오는 예제에서는 reviewed-by라는 커스텀 프로퍼티를 사용하고 있다. 이 프로퍼티로 자바 소스 코드를 다른 팀원이 리뷰했는지 표시한다. 코드 리뷰를 마치고 나면 리뷰어를 프로퍼티에 적어두는 것이다. 다른 사용자들은 프로퍼티로 리뷰 수행 여부와 리뷰어를 알 수 있다. 물론 이 방식은 코드 리뷰에 적합하지 않다. 누군가 파일을 수정하고 나면 새 버전을 리뷰해야 하는데 이런 기능은 지원하지 않기 때문이다. 그래도 이 예제를 보면 개발팀이 프로퍼티를 어떤 식으로 사용할 수 있는지 알 수 있을 것이다.

서브버전 커맨드라인 클라이언트에는 프로퍼티를 다루는 몇 가지 명령이 있다. propset, propget, propdel 등의 명령과, 파일이나 디렉터리에 저장된 프로퍼티를 모두 보여주는 proplist, 프로퍼티를 수정할 수 있도록 에디터를 실행하는 propedit 명령 등이다.

토터스에는 프로퍼티를 다루는 세련된 GUI 도구들이 있다. 프로퍼티를 임포트, 익스포트할 수 있어서 이미지 파일 같은 바이너리 데이터도 프로퍼티에 넣을 수 있다. 코너스톤에서는 svn:needs-lock처럼 서브버전에서 사용하는 프로퍼티들만 편집할 수 있고 사용자가 마음대로 프로퍼티를 만들 수 없다.

프로퍼티 수정을 마친 후에는 파일을 수정했을 때와 마찬가지로 커밋으로 저장소에 반영해야 한다. 커밋하기 전까지는 revert 명령으로 수정을 취소할 수 있다. revert 명령을 사용하면 프로퍼티뿐 아니라 파일 내용에 대한 변경 사항도 취소된다는 점에 주의하자.

파일에 문자열 프로퍼티 설정하기

```
mbench> svn propset reviewed-by "mike mason: code is good" \
                    src/mbench.java
property 'reviewed-by' set on 'src/mbench.java'
mbench> svn commit -m "Add code review comment"
```

파일에서 텍스트 프로퍼티 얻기

```
mbench> svn propget reviewed-by src/mbench.java
mike mason - code looks good
```

파일의 프로퍼티 삭제하기

```
mbench> svn propdel reviewed-by src/mbench.java
property 'reviewed-by' deleted from 'src/mbench.java'.
```

파일의 문자열 프로퍼티 수정하기

```
mbench> svn propedit reviewed-by src/mbench.java
```

토터스로 프로퍼티 수정하기

파일이나 디렉터리에서 마우스 오른쪽 버튼을 클릭한 후 TortoiseSVN 〉 Properties를 선택한다. New..., Edit..., Remove 버튼으로 프로퍼티를 수정한다. 새 프로퍼티가 마음에 들면 변경 사항을 커밋한다.

코너스톤으로 프로퍼티 수정하기

작업 사본 브라우저에서 프로퍼티를 수정하려는 파일이나 디렉터리를 찾는다. 세부 정보(Inspector) 창이 활성화되면 Properties 버튼을 클릭하고 수정한다. 잊지 말고 저장소에 커밋해야 한다.

관련작업

- 16번 작업, 파일 무시하기
- 29번 작업, 파일 잠금 기능
- 44번 작업, 외부 저장소 사용하기

44번 작업

외부 저장소 사용하기

한 조직 내에 여러 팀이 있다면, 팀별로 진행 중인 여러 프로젝트에서 공유하는 파일들이 있을 것이다. 모든 팀이 똑같은 외부 라이브러리를 사용하는 경우도 있고, 어떤 프로젝트의 코드 일부를 다른 프로젝트에서 사용하고 싶을 수도 있다. 서브버전의 외부 참조(externals) 기능을 사용하면 저장소의 프로젝트에서 외부 소스를 참고하도록 할 수 있다.

서브버전 클라이언트는 외부 참조 명령을 만나면 지정된 외부 저장소에 접근해 지정된 부분을 작업 사본으로 가져온다. 이때 외부 저장소의 디렉터리나 파일을 지정할 수 있다. 디렉터리에 svn:externals 프로퍼티가 설정된 다음에는, update 명령을 내릴 때마다 서브버전 클라이언트가 지정된 외부 저장소에서 디렉터리나 파일을 끌어온다.

svn:externals 프로퍼티에는 문자열을 여러 줄 넣을 수 있는데, 각 행에는 참조할 외부 소스 URL과 작업 사본에 대응할 디렉터리를 적는다. 소스 URL에는 절대 경로와 상대 경로 모두 사용할 수 있고, 현재 저장소 내의 위치를 표시할 때는 상대 경로를 적어야 한다.

상대 경로로 URL을 적어서 그 저장소의 내부를 가리키는 기능은 저장소 접근 프로토콜이 여러 개일 때 유용하다. 예를 들어 한 팀원은 http://svn.mycompany.com/mbench로 접근하고, 다른 팀원은 http://svn/mbench를 사용하는 중이며, 이 두 개의 URL이 같은 저장소를 가리키는 것이라면, 외부 참조에 어느 URL을 적는 것이 적절할까? 서브버전은 다음과 같은 상대 경로 표시법으로 이 문제를 해결한다.

```
../      svn:externals가 설정된 디렉터리
```

```
^/     svn:externals가 설정된 저장소의 루트
//     svn:externals가 설정된 디렉터리 URL의 프로토콜
/      svn:externals가 설정된 서버의 루트 URL
```

예제에서는 ^/libraries라는 표현으로 현재 저장소의 루트에 있는 libraries 디렉터리를 표시했다. 클라이언트가 svn이나 http, https 등 어떤 프로토콜로 접속했든지 주어진 URL을 올바르게 해석할 수 있을 것이다.

일단 svn:externals를 수정했다면 다른 프로퍼티와 마찬가지로 커밋해야 모든 팀원에게 외부 참조 기능이 동작하게 된다.

외부 참조 기능으로 프로젝트에 라이브러리 추가하기

svn propedit 명령이나 토터스, 코너스톤의 GUI 도구로 프로젝트의 루트 디렉터리에서 svn:externals 프로퍼티를 다음과 같이 편집하자.

```
^/libraries/MongoDB/1.4 libraries/mongo
```

작업 사본에서 update를 수행해 외부 참조가 잘 동작하는지 확인한 다음 저장소에 변경 사항을 커밋한다.

```
mongo> svn update
Fetching external item into 'libraries/mongo'
A libraries/mongo/mongo.jar
Updated external to revision 25.

Updated to revision 25.
mongo> svn commit -m "Pulled in Mongo 1.4 library"
```

외부 참조 기능으로 외부 업체 코드를 프로젝트에 추가하기

svn propedit 명령이나 토터스, 코너스톤의 GUI 도구로 프로젝트의 루트 폴더에 있는 svn:externals에 다음과 같은 값을 저장한다.

```
http://svn.apache.org/repos/asf/subversion/trunk/notes/
   dependencies/subversion
```

update를 수행해 외부 참조가 잘 동작하는지 확인한 다음 저장소에 변경 사항을 커밋한다.

```
mongo> svn update
Fetching external item into 'dependencies/subversion'
A dependencies/subversion/repos_upgrade_HOWTO
A dependencies/subversion/sasl.txt
A dependencies/subversion/svnsync.txt
    :     :     :
A dependencies/subversion/wc-ng/transitions
A dependencies/subversion/asp-dot-net-hack.txt
Updated external to revision 947760.

Updated to revision 25.
mongo> svn commit -m "Added Subversion notes as dependencies"
```

관련작업

- 43번 작업, 프로퍼티 다루기
- 45번 작업, 여러 개의 프로젝트 구성하기

45번 작업

여러 개의 프로젝트 구성하기

서브버전을 처음 사용하는 팀이 궁금해 하는 것 한 가지가 '여러 개의 프로젝트를 한 저장소에 저장하는 방법'이다. 서브버전은 디렉터리를 기반으로 프로젝트를 구성하고, 태그와 브랜치 등도 디렉터리에 저장되므로 다양한 방식으로 프로젝트를 구성할 수 있다.

가장 단순한 구성 전략은 각 프로젝트마다 루트 바로 아래에 자신만의 디렉터리를 생성하는 방식이다. 각 프로젝트 디렉터리에는 관례에 따라 branches, tags, trunk 서브 디렉터리를 두고, 프로젝트별로 독립적으로 브랜치나 릴리스 태그를 생성하면 된다. 프로젝트 간에 공유가 필요하면 외부 참조(externals)를 통해 다른 프로젝트의 파일들을 이용할 수 있다. 저장소 안에 다른 프로젝트들이 사용하는 유틸리티 프로젝트가 있을 때 유용한 방식이다.

더 복잡하게 구성할 수도 있다. 흔한 질문 한 가지는 개발 주기가 비슷하고 상호 의존성이 높은 프로젝트들은 어떻게 구성하는가 하는 것이다. 예를 들어 어떤 서비스에 사용되는 컴포넌트들이 있고 이것들이 서로 의존성이 높은 상태라면, 모두 한 trunk에 넣고 브랜치나 태그도 모두 한꺼번에 처리해도 된다고 생각할 것이다. 이렇게 구성해도 되긴 하겠지만, 개발이 시작되고 얼마 지나지 않아 컴포넌트 중 한두 개가 나머지 것들보다 개발 주기가 빨라지면 적당한 구성 방식이 아님을 곧 알게 될 것이다.

외부 참조를 사용해 코드나 라이브러리를 프로젝트 간에 공유하는 경우에는 릴리스 브랜치를 만들 때 특히 주의해야 한다. 출시 후에도 원할 때면 정확히 출시할 때의 코드를 만들어낼 수 있어야 하는데, 외부 프로젝트의 트렁크를 가리키고 있다면 계속 수정된 코드를 가져올 것이다. 릴리스 브랜치에서는 외부 참조 프로퍼티를 수정해 외부 프로젝트의 릴리스 태그를 가리키도록 하거나 외부 참조는 항상 '고정된 리비전(pegged revision)'[17]을 사용하는 등의 방법을 사용하자.

서브버전 저장소 구성 방식을 결정할 때는 먼저 저장하려는 프로젝트를 분석해야 한다. 상호 의존성이 강한지, 어떻게 발전해 나갈 프로젝트인지 분석하고 브랜치, 릴리스, 버그 수정을 할 때 그 구성 방식이 적합할지 머릿속에 그려보자. 구상이 완료되고 나면 개발자들과 서브버전 관리자들이 모두 그 구성 방식을 확실히 이해할 수 있도록 해야 한다.

저장소에 프로젝트 디렉터리 만들기

저장소의 루트 디렉터리에 각 프로젝트를 저장할 기본 디렉터리를 만든다. 각 프로젝트 디렉터리 안에 trunk, tags, branches 서브 디렉터리를 만든다.

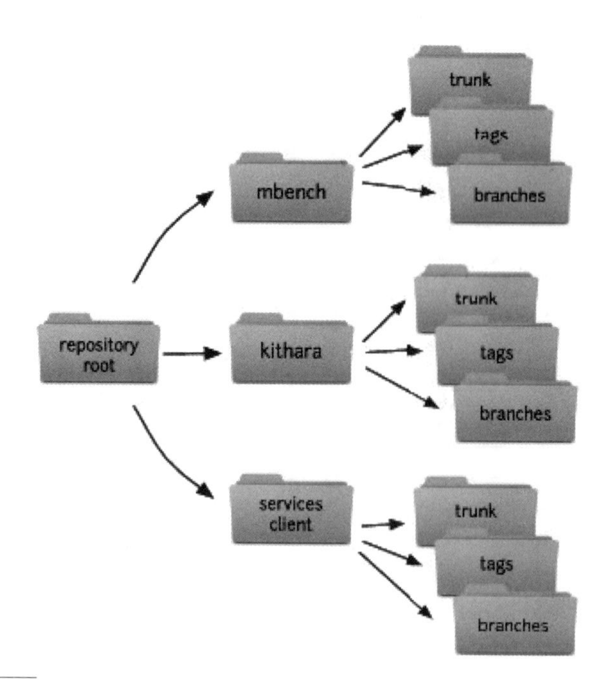

17 http://svnbook.red-bean.com/en/1.5/svn.advanced.externals.html

외부 참조 기능으로 프로젝트 사이에 코드나 기타 요소 공유하기

라이브러리 프로젝트는 svn:externals 프로퍼티로 다른 프로젝트에서 참조할 수 있다.

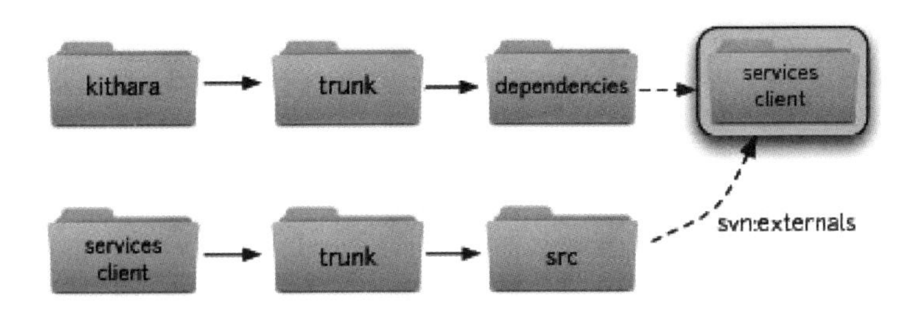

관련작업

- 5번 작업, 새 프로젝트 생성하기
- 44번 작업, 외부 저장소 사용하기

46번 작업

외부 업체 코드 저장하기

외부 업체가 제공하는 라이브러리는 대부분 프로젝트에서 곧바로 사용할 수 있도록 .dll이나 .jar 등 바이너리 파일로 전달된다. 경우에 따라 소스 코드가 함께 제공되기도 하는데, 이 소스를 저장소에서 관리하면 여러 가지 이점이 있다. 외부 업체가 없어져도 소스 코드가 있다면 라이브러리를 개선하고 버그도 고칠 수 있다.

외부 업체 소스는 저장소의 한 곳에 모아두는 것이 좋다. 다음 페이지의 실행 예제에서는 /vendorsrc 아래에 모아두었다. 우선 임시 폴더에 소스 코드의 압축을 풀고(이것을 코드 드롭(code drop)이라고 부른다) 저장소의 적절한 위치에 current 디렉터리를 만들고, 여기에 소스를 임포트한다. current는 외부 업체의 소스를 넣고 작업용으로 사용할 디렉터리다. 이제 릴리스용 태그를 생성해야 한다. 이 소스 코드를 사용하고 싶을 때는 current가 아니라 태그의 버전을 사용해야 한다.

나중에 라이브러리 새 버전이 나오면 current에 새로 받은 소스 코드를 넣어주어야 한다. 이때 그냥 새 소스를 덮어쓰기만 해서는 안 된다. 개발 과정 자체를 흉내 내야 한다. 즉 파일을 추가하고, 삭제하고, 내용을 업데이트하는 등의 과정을 따라해야만 한다. current를 체크아웃해서 작업 사본을 만든 다음 그 위에 새 버전의 소스를 풀어주는 것으로는 부족하다. 최신 파일들이 작업 사본에 들어가기는 하지만, 추가된 파일이나 삭제된 파일들을 일일이 비교하면서 추가하고 삭제해야 하는데, 쉽지 않은 작업이다.

다행히도 무거운 짐을 덜어줄 파이썬 스크립트가 하나 있다. 인터넷에서 다운로드할 수 있는[18] svn-load라는 스크립트는 파이썬용 서브버전 바인딩만 설치되어 있으면 잘 동작한다. 우분투 사용자라면 apt-get install svn-load 명령으로 svn-load와 실행에 필요한 모듈들을 한꺼번에 설치할 수 있다.

임시 디렉터리에 소스 코드 압축을 풀어두고 svn-load를 실행하면 된다. 인자로는 생성할 태그 이름과 current 디렉터리 URL, 그리고 새 버전의 파일들이 풀려있는 경로를 주면 된다. svn-load는 자동으로 추가, 삭제, 수정된 파일들을 파악한 다음, 저장소의 current 디렉터리를 업데이트하고 지정된 이름으로 태그까지 생성한다. 개발 팀은 프로젝트를 업데이트하고 새 버전을 사용하면 된다.

외부 코드 임포트하기

임시 디렉터리에 외부에서 들여온 코드의 압축을 푼다. 여기서는 /temp/NUnit-2.5.0에 풀었다.

```
temp> svn import -m "Import NUnit 2.5.0" NUnit-2.5.0 \
      http://svn.mycompany.com/vendorsrc/nunit/current
Adding NUnit-2.5.0/NUnitTests.config
Adding NUnit-2.5.0/NUnitFitTests.html
     : : :
Adding NUnit-2.5.0/install/NUnit.wxs
Adding NUnit-2.5.0/license.rtf
```

외부 코드에 태그 붙이기

```
temp> svn copy -m "Tag 2.5.0 vendor drop" \
      http://svn.mycompany.com/vendorsrc/nunit/current \
      http://svn.mycompany.com/vendorsrc/nunit/2.5.0
Committed revision 29.
```

새 릴리스로 외부 코드 업데이트하기

임시 디렉터리에 새 버전을 풀어 넣는다. 여기서는 /temp/NUnit-2.5.5에 풀었다.

18 http://free.linux.hp.com/~dannf/svn-load/

```
temp> svn-load -t 2.5.5 http://svn.mycompany.com/vendorsrc/nunit \
                        current NUnit-2.5.5
     Deleted Added
   0 doc/img/assemblyReloadOptions.JPG___ doc/assemblyIsolation.
html
   1 doc/img/testResultOptions.JPG_______ doc/runningTests.html
   2 doc/img/textOutputOptions.jpg_______ doc/runtimeSelection.
html
     :      :      :
Enter two indexes for each column to rename,
(R)elist, or (F)inish: F
```

관련작업

- 6번 작업, 기존 소스에서 프로젝트 생성하기
- 28번 작업, 릴리스용 태그 만들기

47번 작업

저장소 직접 수정하기

작업 사본에서 파일을 수정한 다음 저장소에 커밋하는 것이 일반적인 서브버전 사용법이다. 이 과정에서 수정 사항을 한 번 더 검토하게 되고, 잘못된 수정을 되돌릴 수도 있으며 빌드를 실행해 잘 동작하는지 확인한 다음에 커밋할 수도 있다. 하지만 저장소의 파일들을 직접 수정해야 하는 경우도 있다. 서브버전 명령 중에는 작업 사본이 아닌 저장소의 URL을 인자로 받는 것들이 있다.

이 명령들로 저장소의 항목들을 직접 복사하고, 옮기고, 이름을 바꾸고, 삭제할 수 있다. 파일이 커서 작업 사본을 거쳐 작업하려면 시간이 오래 걸릴 때 유용하다. 아주 많은 파일을 최근에 임포트했는데 위치나 이름 등을 조정할 필요가 있을 때도 편리하다. 이때 누군가 이 파일들을 수정하고 있었다면, 나중에 커밋할 때 서브버전이 트리 구조에 충돌이 일어났다고 보고하면서 커밋을 거부하게 된다. 또 누군가 파일을 잠가놓은 상태라면 잠금을 해제하기 전까지는 저장소 내에서도 이동이나 삭제, 이름 변경이 되지 않는다.

서브버전은 파일 변경, 추가, 삭제 등 모든 기록을 저장한다. 예를 들어 누군가 실수로 패스워드가 적힌 파일을 저장소에 커밋했다면, 그 파일에 삭제 명령을 내려도 '현재' 버전에서만 지워질 뿐이다. 누군가 패스워드 파일이 들어간 적이 있다는 사실을 알게 되면, 패스워드 파일이 들어있던 버전을 체크아웃해서 정보를 빼내 갈 수 있다. 잘못해서 기밀 정보를 서브버전 저장소에 커밋했다면 서버에서 데이터를 확실하게 지우는 데 꽤 많은 과정을 거쳐야 한다. 우선 저장소에서 덤프 파일을 만들어낸 다음 저장소에 덤프 파일을 다시 로딩하면서 svndumpfilter로 기밀 정보를 필터링해야 한다.[19] 덤프와 로드 과정은 시간을 많

19 svndumpfilter는 http://svnbook.red-bean.com/en/1.5/svn.reposadmin.html을 참고하자.

이 잡아먹고 저장소 다운타임을 야기한다. 커밋할 때 주의해야 한다.

저장소에서 항목 직접 복사하기

```
mbench> svn cp http://svn.mycompany.com/mbench/trunk/lib/mongo-
1.4.jar \
              http://svn.mycompany.com/libraries/mongo \
              -m "Copy Mongo jar to shared libraries directory"
```

저장소에서 항목 이름 직접 바꾸기

```
mbench> svn mv http://svn.mycompany.com/mbench/trunk/docs \
        http://svn.mycompany.com/mbench/trunk/documentation \
              -m "Renaming to make us look more professional"
```

저장소에서 항목 직접 삭제하기

```
mbench> svn rm http://svn.mycompany.com/mbench/trunk/config/
passwd \
              -m "Removing accidentally added password file"
```

토터스로 저장소의 항목 이름 바꾸기

작업 사본에서 오른쪽 버튼을 클릭하고 TortoiseSVN 〉 Repo-browser를 선택한다. 이름을 바꿀 파일을 찾아낸 다음 오른쪽 버튼을 클릭해 Rename을 선택한다. 새로운 이름을 입력하고 엔터 키를 누른다.

변경하는 이유를 설명한 로그 메시지를 입력하고 나서 OK를 클릭하면 수정이 완료된다.

코너스톤으로 저장소의 항목 이름 바꾸기

저장소 목록에서 저장소를 선택한 후 저장소 브라우저에서 이름을 바꾸려는 파일을 클릭한 다음, 1초 정도 후에 다시 클릭하면 이름을 바꿀 수 있는 편집 상태가 된다. 새 이름을 넣고 엔터 키를 누른다.

이름을 바꾸는 이유를 설명하는 로그 메시지를 입력한 다음 Continue를 클릭하면 완료된다.

관련작업

- 13번 작업, 파일과 디렉터리 삭제하기
- 14번 작업, 파일과 디렉터리 이동과 이름 변경

48번 작업

패치 파일 사용법

저장소에 커밋하는 것 이외의 방법으로 수정 사항을 반영해야 할 때가 있다. 아직 작업 결과를 공개하기에는 부족한 상태에서 작업을 더 해서 나중에 올리고 싶을 수도 있고(이 경우에는 기능 추가용 브랜치를 만들어서 작업하고 나중에 트렁크에 체크인하는 편이 더 안전하겠지만), 아니면 인터넷에 소스가 공개된 오픈 소스 프로젝트에 손을 댔는데, 커밋 권한이 없을 수도 있다. 이 경우 프로젝트에 커밋 권한이 있는 누군가에게 수정 사항을 전달해 대신 커밋해달라고 요청해야 한다.

유닉스 세계에서는 패치(patch) 파일을 이용해서 이 문제를 해결한다. 패치 파일에는 어떤 파일을 어떻게 수정했는가 하는 사항이 적혀 있다. 원본 소스를 가진 사람이 패치 파일을 받으면, 이를 '적용'해서 수정 사항을 반영할 수 있다. 패치 파일을 받은 사람의 파일이 여러분의 원본과 다른 버전인 경우에도 패치를 적용할 수 있다.

서브버전의 diff 명령을 실행하면 작업 사본의 수정 사항들을 통합 포맷(unified diff)으로 보여준다. 이를 파일로 저장하면 패치 파일이 된다. 토터스와 코너스톤은 파일이나 디렉터리를 선택해 수정 사항들을 패치 파일로 만들어내는 기능을 제공한다.

일단 패치 파일을 만들었으면 누군가에게 보낼 수도 있고 나중에 쓰기 위해 어딘가에 보관해 둘 수도 있다. 유닉스에서 패치를 적용할 때는 patch 명령을 사용하고, 토터스나 코너스톤에서는 각각의 패치 적용 기능을 사용하면 된다. 패치 적용 명령을 내리면 패치 파일에 지정된 파일들에 적용된다. 서브버전 사용자의 입장에서는 인자에 작업 사본을 지정할 수 있다는 점도 중요하다.

패치가 깔끔하게 적용되지 않았다면 아마도 패치를 생성한 버전과 적용하려는 버전이 다를 것이다. 패치 도구에 따라 이런 상황을 다르게 처리한다.

커맨드라인 클라이언트와 코너스톤은 모두 유닉스의 patch 명령으로 패치를 적용한다. 패치 적용이 실패하면 확장자가 .rej인 파일에 패치가 실패한 부분이 저장된다. 이 파일을 들여다보면서 수동으로 문제를 해결해야 한다. 토터스로 패치를 깨끗하게 적용하지 못했다면 「19번 작업, 토터스로 충돌 해결하기」에서 설명한 것처럼 TortoiseMerge 도구로 충돌을 해결해야 한다.

커맨드라인 클라이언트로 패치 파일 만들기

```
mbench> svn diff > mychanges.patch
```

커맨드라인 클라이언트로 패치 파일 적용하기

```
mbench2> patch < mychanges.patch
```

토터스로 패치 파일 만들기

작업 사본의 루트 디렉터리에서 오른쪽 버튼을 클릭한 다음, TortoiseSVN 〉 Create patch....를 선택한다. 패치에 포함시킬 파일들을 선택하고 OK를 클릭한다.

패치를 저장할 파일을 지정한 다음 Save를 클릭한다. 패치 파일이 디스크에 저장되고 GUI 도구에 표시될 것이다.

토터스로 패치 적용하기

작업 사본의 루트 디렉터리에서 오른쪽 버튼을 클릭한 다음 TortoiseSVN 〉 Apply patch...를 선택한다. 패치 파일을 찾아 선택하고 Open을 클릭한다.

창이 두 개 열리는데 한쪽에는 패치 파일을 분석해 가져온 파일 목록이 보이고, 다른 창에는 TortoiseMerge 창이 보인다. 각 파일을 더블 클릭할 때마다 TortoiseMerge 창에 해당 파일의 수정 사항과 파일 내용이 보일 것이다. 변경 사항이 정확히 적용되고 마음에 들었다면 컨트롤 키와 S를 동시에 눌러 작업 내용을 저장한다.

코너스톤으로 패치 파일 만들기

작업 사본 목록에서 하나를 선택한 후 File 메뉴에서 Save Differences in "mbench" as Patch...를 클릭한 다음 파일 이름을 입력하고 Save를 클릭해 패치 파일을 생성한다.

코너스톤에서 패치 적용하기

작업 사본 목록에서 하나를 선택한 다음 File 메뉴의 Apply Patch to "mbench2"....를 선택한 후 패치 파일을 찾아 Apply를 클릭한다.

관련작업

- 8번 작업, 변경 기록 보기
- 11번 작업, 커밋으로 수정 사항 반영하기

찾아보기

ㅅ

ㅇ

ㅈ

ㅊ

ㅋ

ㅌ

ㅍ

ㅎ

A

B

C

D

E

I

L

M

N

R

S

T

U

V